21世纪全国高等院校艺术设计系列实用规划教材

景观设计基础

李振煜　彭　瑜　编著

北京大学出版社
PEKING UNIVERSITY PRESS

内容简介

本书着重阐述了景观设计的基础知识，全书分为5章，第1章景观设计要素，从植物、水体、地形、空间等分别论述其作用、类型、原则和特点，阐述它们在景观设计中的重要性；第2章景观设计的基本表达，重点讲解景观设计的平面、竖向投影和制图形成的规律，符号的意义和学会运用制图等表达设计；第3章景观设计思考，重点论述和说明了景观设计全局形成的节点、轴线和全局的制控方法，讲述了景观形式形成的途径、原理和方法；第4章景观设计小品，它们是景观设计过程中吸引人的精神和文化；第5章景观方案设计，从平面到竖向展开进行分析，最后整合形成设计方案。

本书主要供大学本科园林、景观设计专业或环境设计本科专业学习景观设计课程时作为教材使用，也可供其他艺术设计或建筑类本科专业选修景观设计或者从事园林景观设计的工作人员考研、学习、设计时作为参考。

图书在版编目(CIP)数据

景观设计基础/李振煜，彭瑜编著．—北京：北京大学出版社，2014.1

(21世纪全国高等院校艺术设计系列实用规划教材)

ISBN 978-7-301-23710-6

Ⅰ.①景… Ⅱ.①李… ②彭… Ⅲ.①景观设计—高等学校—教材 Ⅳ.①TU986.2

中国版本图书馆 CIP 数据核字(2014) 第 003958 号

书　　名：景观设计基础

著作责任者：李振煜　彭　瑜　编著

策 划 编 辑：孙　明

责 任 编 辑：李瑞芳

标 准 书 号：ISBN 978-7-301-23710-6/J・0558

出 版 发 行：北京大学出版社

地　　址：北京市海淀区成府路 205 号 100871

网　　址：http://www.pup.cn　　新浪官方微博：@北京大学出版社

电 子 信 箱：pup_6@163.com

电　　话：邮购部 62752015　发行部 62750672　编辑部 62750667　出版部 62754962

印　刷　者：

经　销　者：新华书店

787mm × 1092mm　16 开本　11印张　255千字

2014 年 1 月第 1 版　2015 年 5 月第 2 次印刷

定　　价：49.00 元

前　言

“景观设计”课程如何顺应社会发展，如何确立完善的教学体系，如何提高教学质量，这一直是教师需要面对的课题和思考的问题。本书通过对当前社会经济发展和文化发展的概括和比较，提出景观空间设计的基本概念、设计思路、设计形式的表达和设计鉴赏，并对景观设计的多样性以及各种形式做了重要的阐述，对景观空间设计的功能性分析、生态性分析、视觉审美分析和概念性设计等方面都做了重要的提示。本书的课程安排，侧重于在各个章节中运用“目标责任管理”模式，进行具体类型和内容的定位和追踪，使教程的教学效率更高，效果更加显著。每个章节的篇首用“课前训练”、“训练要求和目标”、“本章重点”、“本章引言”等作为阅读的基本线索，既提出了重点和要求、训练的内容和注意事项，同时也承上启下引领主题；在各章结尾处，用“作业欣赏”、“课题内容”、“其他作业”、“本章思考题”、“相关知识链接”等作为一个章节的作业、入门方法和形式的指导。为了系统地、有秩序地进行阐述，本书各章节之间做了恰当的首尾衔接与呼应，令前后章节融会贯通。

本书的课时安排为64学时，每个章节都有基本的时间要求和内容要求，由于不同专业的教学需求不同，教师可以参照本书灵活安排。

本书分为5章，全书编写内容和形式表现为：第1章，景观设计要素，对构成景观空间的基本要素(植物、水体、地形和空间)的构成进行了分析和归类，结合社会经济以及历史发展的脉络，进行了举例与分析；第2章，景观设计的基本表达，通过列举景观平面图、竖向图和施工图的表达要求和特点，介绍了景观设计的表达方法；第3章，景观设计思考，通过图示列举了“拓扑”法、功能分析、生态分析、交通流线、景观视觉分析、综合分析和概念方法，讲解了景观设计思考的多样性；第4章，景观小品设计，通过景观小品的分类列举，解释了景观小品在景观设计中细节的作用和意义；第5章，景观方案设计，通过一个景观设计从基址分析方法到设计形成的过程，做了视觉上的示范；同时还通过一个商业性的景观设计实例，进行了整个景观设计过程的从整体到局部、从宏观到细节的解读。

本书第1章、第3章由武昌工学院李振煜编写，第2章、第4章、第5章由武昌工学院彭瑜编写。全书由李振煜统稿，插图由彭瑜和李振煜分别负责完成。

编者本希望能够尽善尽美，但能力有限。有幸得益于诸多学者的思想与理论，以及许多优秀设计师的经典作品，在此仅作为教学示范之用，对作品的作者表示真诚的感谢。由于时间仓促，书中难免存在疏漏或不妥之处，欢迎读者批评指正。

编　者

2013年10月

目 录

目 录

第1章　景观设计要素

课前训练

训练内容：通过景观设计各要素(如植物、水体、地形、空间等)的认识和了解，学习各景观设计要素的基本功能和特点。利用给定的建筑室外空间平面，根据大家熟悉和了解相对深入的环境进行平面草图的练习，画出与之相应的对绿化种植、地形特点和水体等基本的安排。

训练注意事项：建议每位同学能够拓展想象，注意空间尺寸和材料注解，重点是要动手画图，要有创意。

训练要求和目标

要求：学生需要掌握景观设基本的设计要素(植物、水体、地形)的基本特点和原则，熟悉各类植被的特点并加以运用，设计一个生态的、美观的景观设计空间。

目标：根据设计的需求，能够根据地形特点、气候、朝向等，对具体的地形环境进行景观设计，重点是功能分析，安排绿化、水体和地形，形成一定的景观设计空间，恰当运用设计表现技法，进行平面、高程的数据和材料的表达。

本章要点

(1) 植物的生态、美学和设计布局要点。
(2) 水体的生态、美学和设计要点。
(3) 地形环境的特点和视线形成特点。
(4) 空间的特点与表达。

本章引言

在城市环境中或小城镇环境中，除了自然环境之外就是建成环境，景观设计是介于自然环境与建成环境之间的人造环境。景观设计是在一定的地形、地理、气候、植被、水源环境条件下，符合人(如业主)的功能和美学需要的产物。下面从景观设计的基本要素开始进行景观环境设计的基础介绍；从景观设计的基本要素，植物、水体、地形以及形成的空间等，进行设计要素的特点介绍与分析。

1.1 植物

植物是景观设计中的重要元素之一，设计人员需要了解植物的生态作用和美学作用、植物的种植形式、植物种植的基本方法和原则以及其他各类植物的功能特点，这对于景观设计具有指导作用。

植物是具有一定形态、大小、色彩、质地的生命有机体，观赏特征多种多样。植物的美学作用是非常明显的，同时其生态作用和改善环境的作用具有调节人的心理视觉的作用。乔木、灌木、藤本、草本植物等能够创造景观形态，它们不同于农林中用来进行经济生产的果木、人工林、苗圃和花圃等的绿化场地，其不同在于植物造景具有艺术美感和设计内涵，由此可见，植物造景是技术与艺术结合的产物。

1.1.1 植物的作用

植物生长在自然界，存在于各种人类生活的景观之中，是园林景观中重要的组成部分。要提高景观设计的水平，需要从了解植物的作用开始。

1．净化空气与保护环境

氧气是人类生存必不可少的物质。植物通过光合作用吸收二氧化碳，释放氧气，同时，又通过呼吸作用吸收氧气放出二氧化碳，但是，植物通过光合作用吸收的二氧化碳是释放的二氧化碳的20倍以上，因此，植物从总体上消耗了空气中的二氧化碳，增加了氧气。植物是提供氧气吸收二氧化碳的主要途径，也是改善和保护环境的重要途径。

地球科学研究表明，地球上60%以上的氧气来自于陆地上的植物，这也充分说明绿色植物对大气形成的重要作用。一般城市如果每人平均有10m^2树林或者25m^2草坪，就可以自动调节空气中的二氧化碳与氧气的平衡，保持空气清新。

汽车排放的二氧化硫，能够被臭椿大量吸收，另外，夹竹桃、罗汉松、龙柏、银杏、广玉兰等也能够极强地吸收二氧化硫。工业污染和空气中其他有害气体，也能够被其他树木吸收。女贞的吸氟能力是普通树木的一百倍以上；构树、合欢、紫荆、木槿具有较强的抗氯和吸氯能力；喜树、接骨木等树具有吸苯的能力；樟树、悬铃木、连翘等具有良好的吸收臭氧的能力；夹竹桃、棕榈、桑树等能在汞蒸气的环境下生长良好；大叶黄杨、女贞、悬铃木、榆树、石榴等树在铅蒸汽条件下也没有受害症状。水生植物能够净化水体。芦苇能够吸收水中的酚，并消除大肠杆菌，同时能降低水中的各种有机物如磷酸盐、氨、氯化物等的含量；水葫芦能够吸收污水中的银、汞、铅等重金属含量，还有降低镉、酚、铬等化合物含量的能力。

树冠大而浓密的、多叶毛、分泌汁液有粘性的植物遮挡和吸收灰尘、粉尘、烟灰、降低噪声的作用明显。城市空气中悬浮着大量的细菌，绿化树木可以减少空气中细菌的数量，遮挡、吸附灰尘并分泌杀菌素。柠檬桉、悬铃木、紫薇、桧柏属、橙、白皮松、柳杉、雪松是杀菌能力很强的树种。臭椿、樟树、楝树、侧柏等也具有较强的杀菌能力。

2．改善小气候保持水土

植物覆盖土地，为当地环境提供了大量的氧气，形成天然氧吧。树冠高大的植物能够提供荫蔽，阻挡阳光直射。树木花叶的蒸腾作用，能够降低气温，调节湿度，吸收太阳辐射温度，改善城市的小环境。在夏季，林地树荫较无绿化土地气温低3～5℃，较有建筑的区域要低10℃上下。城市中的林地对于城市环境的温度、湿度和通风等都有调节作用。在寒冷地区，植物为环境提供屏障与保护，阻挡凛冽寒风对环境造成的不利影响。在炎热地区更应该大量种树，改善和保护环境。

植物根系具有净化土壤的能力，吸收大量有害物质，根系分泌物进入土壤杀死大肠杆菌。更为重要的是植物根系具有固土护坡、吸收地表径流和涵养水资源的作用。合理的乔、灌、草的立体植被系统会起到良好的效果。

3．主景背景和季相景色

植物的树冠天际线作为建筑的背景具有过渡与调和不同建筑形体风格的作用，以及作为背景衬托建筑和景观主题的作用。许多落叶植物都有四季相态变化，在质地、通透性、色彩和外貌上都会有显著的不同，呈现出不同的季相景色。如银杏早春的浅绿、夏日的深绿、晚秋的金黄、冬天时节只剩下遒劲树干。即使是常绿植物也会有一些季相的变化，如樟树，初春的淡绿、夏日的深绿、秋冬的翠绿等色彩的变化。

4．人文意境和情感寄托

宋代周敦颐在《爱莲说》中说荷花“出淤泥而不染，濯清涟而不妖，中通外直，不蔓不枝，香远益清，亭亭净植，可远观不可亵玩焉”。他把荷花的自然习性与人的思想品格联系起来，让人们在赏荷之时感受到景观的意境美。“一树独为天下先”是对梅花坚贞勇敢、不畏冰霜、冒寒先开品格的赞誉，体现人们对梅园的品格欣赏。松苍劲古雅，能在严寒中挺立于高山之巅；竹则“未曾出土先有节，纵凌云处也虚心”。松、竹、梅这3种植物都具有坚贞不屈、高风亮节的品格，故被称为“岁寒三友”，常在纪念性园林景观中用以缅怀先辈的情操。兰花生于幽谷，飘逸清香；牡丹雍容富丽，显得高贵大度；菊花迎霜开放，深秋吐芳，比喻不畏险恶环境的君子风格；“杨柳依依”比喻惜别；桑梓比喻故乡；含笑比喻深情；红豆比喻相思等。在园林景观中常常借助植物抒发情怀、寓情于景、情景交融，产生人文意境和情感寄托。

1.1.2　植物的种植形式

世界上的园林景观形式主要有4种：规则式种植，如修剪整齐的树篱；英国近代风景园林景观中的自然式植物种植形式；东方的中国式植物种植形式；现代几何模纹图案的植物种植形式。

1．规则式种植

规则式种植一般采用树冠整齐的树种，强化人工修剪与管理，强调植物造型的人工化美感。其形式表现为几何、均匀、图案化，具有整齐的行距、高度，视觉上有整齐、严肃、庄重的氛围。这种形式通常在现代景观广场、街道两侧使用，沿着轴线对称，形成一定的节奏感、整体感和秩序感。如果在小庭院和某些自然景观中采用，则容易产生单调、呆板的感觉。其布局如图1.1所示。

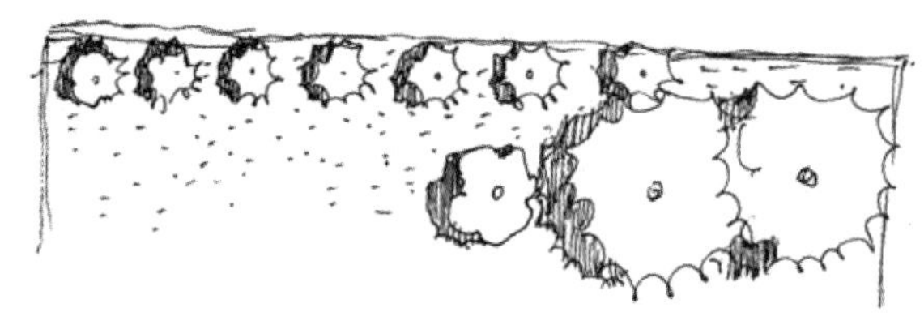

(a)规则式种植平面图

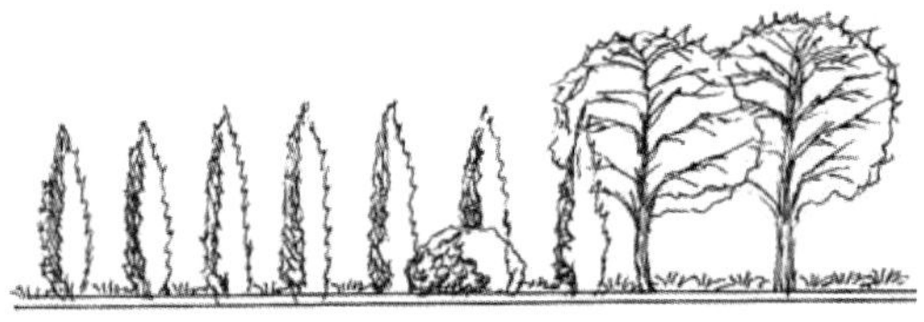

(b)规则式种植立面图

图1.1　规则式种植的平面图及立面图

2．英国近代风景园林景观中的自然式种植

英国近代风景园林的自然式种植尽量模仿自然，再现自然。广阔的草坪牧场，树木排斥直线形式，避免3棵树在同一直线上。在主题建筑或重要建筑前形成对称的植物布局。一边是大片的草坪，一边是背景式屏障式的建筑和树木，形成一种完全模仿自然的样式、一种绘画式的风景园。植物种植形式尽量利用地形和乡土植物，植物种类层次丰富，植物不加修剪，养护成本低。植物的种植形式模拟自然，避免人的干预。高大的林木边缘是灌木和花地被，开阔地种植的是高大的孤植植物，利于形成视觉的焦点。其布局形式如图1.2所示。

图1.2　英国自然式种植的斯托海德园林

3．中国式植物种植形式

中国式自然园林植物讲究“虽由人作，宛自天开”，因此有模仿自然的植物形式，但境界高于自然，植物种植曲折蜿蜒，但又不任由植物任意生长，常常是理想化、象征化地进行种植。植物种植没有明显的轴线安排，但讲究平衡分布、相互映衬呼应，追求与周边建筑环境协调的艺术氛围。江南的庭院建筑面积很小，植物经过修剪塑造，更加象征化；北方的皇家园林，面积大，建筑体量宏大，强调了真山真水的存在，追求“自然山水之乐”，植物营造重在再现自然山水原貌，将各种乔木、灌木和其他地被植物用相对的形式再现自然之意，而非再现自然之像。由于象征的特点，树木经过修剪塑造形成婀娜婉转的形态。其布局形式如图1.3所示。

4．现代几何模纹图案种植形式

抽象图案种植形式起源于法国和意大利，后来运用数理逻辑关系以及各种新的艺术思潮，形成了栽种整齐的树木，修剪整齐的图案，围墙都是用树篱进行修剪塑造的。这种植物种植形式的核心是将植物进行修剪，塑造成三维构成的形式，再现机械和工业革命的零部件和构件等视觉形式，体现了现代几何图案纹样的种植形式。抽象构图形式选择枝叶繁茂、易于修剪的植物品种，艺术形式上讲究整体感，避免琐碎，大色块、简洁和流畅容易使人产生深刻的视觉印象。其布局形式如图1.4所示。

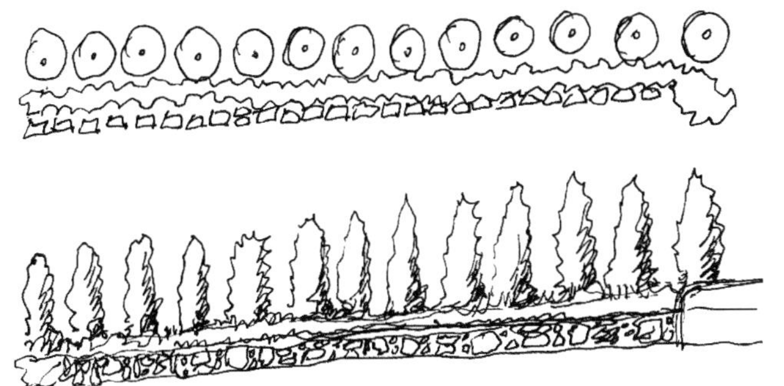

图1.3 中国式植物种植形式的平面和立面

图1.4 几何模纹图案植物种植形式

1.1.3 植物种植的艺术与规则

植物种植并非任意而为，需要根据场地的地理及地形分析和气候特点，植物喜阴还是喜阳，具体场地的需求等综合情况来进行。下面是植物种植设计的思维过程和选择原则。

1．植物种植的原则

(1) 植物种植设计应该有一个综合的思考过程，表现为：①对现场土壤土质情况进行现场分析；②是原有植被情况，如大树、珍稀名贵树木的情况；③备选植物品种从植物群落系统安排，如乔木、亚乔木、大灌木、小灌木、花卉、草坪、藤本植物、水生植物等，有一个全面系统的准备；④植物种植布置的模式、种植密度、组合方式、季相搭配组合、造景层次的空间安排；⑤对于植物种植设计的种植平面和种植详图的绘制、定点放样。

(2) 种植场地条件和植物选择原则。植物种类千差万别，不同场地条件具有不同的生态特征。因此，选择植物时应因地制宜、因时制宜，使植物与周围环境相适应，达到美观、经济和生态的效果。

首先要考虑当地的地形和气候条件，温度和降水情况，植物的生长周期。其次，要勘察场地土壤的土壤环境、土壤的酸碱度，有些植物喜酸性土壤，如茶花、橘、杜鹃，适宜于红壤；有些植物喜碱性土壤，如黄杨、枸杞等，适宜于钙质较多矿物质高的土壤。再次，根据太阳照射情况，合理安排喜阴、喜阳植物，如吊兰喜阴、柑橘喜阳，这样合理安排生长环境，节约成本。最后，根据场地环境和需要植被的功能来选择，需要降尘、降噪时，宜选择抗污染的构树、夹竹桃；在人口稠密地区和道路两旁，为避免灰尘，可选择悬铃木、柏树类植物；在污染的工业区，为清除气味和污染，种植广玉兰、臭椿、棕榈等；在庄严肃穆之地，如陵园，宜种植侧柏、罗汉松、松树等；在居民小区，要避免带刺有毒的树木，如花椒、剑麻、海芋、夹竹桃等。不同使用性质的地方，植物种植的选择是不同的。

2．植物种植艺术构思和植物造景的规律

植物配置利用植物材料、色彩、季相变化、植物生理习性进行造景。设计之前，需要从植物的造景功能，以植物材料为基础进行科学性与艺术性的结合。植物的种植需要考虑植物的配置和植物与其他景观要素(如山石、水体、建筑园路等)相互之间的配合关系。

1) 植物造景

植物造景需要利用植物，植物可看作空间元素，将枝叶繁茂的高大乔木看作单体建筑或柱体，爬满构架柱廊的藤本植物如同建筑之天花板或屋顶，整形修剪的绿篱如墙体，平坦草坪如地毯或地板。同样，植物也可以用来分隔空间、障景，或者形成限制性的空间。

(1) 植物的美学功能。

在建筑和景观设计中的建筑或景观杂乱时，植物的出现可以协调和统一景观，遮丑显美。高大的植物，或因为其姿态、色彩、季相风韵绰约，利用孤植树展现个体美，利用群植树整齐布置展现整齐美，随机布置展现自然美，与亚乔木、灌木、花草等结合展现群落景观的自然美。利用花坛植物或孤植树突出建筑大门、道路交叉口的景观等来创造景点。由于建筑的几何形体生硬，常用植物种植进行柔化，现代雕塑、喷泉、建筑小品利用植物进行装饰，用绿篱作背景衬托，在纪念性场地如纪念碑用常青树营造肃穆和庄严，在大型标志性建筑等处，用草坪和灌木来营造雄伟壮丽，在雕塑旁用绿篱、树丛等作背景进行对比和烘托。任何建筑、构筑物等即使很美，也会给人一种几何化、呆板、生硬，甚至冰冷的感觉，当有植物介入时，会产生柔化环境、显得诱人、富于情调、令人亲切的感觉。植物的柔和与建筑的块面和坚硬是一种对比的和谐，也是视觉区分的有效识别，植物高大的乔木有利于远观建筑形成框景效果。图1.5为植物衬托建筑的典型例子。

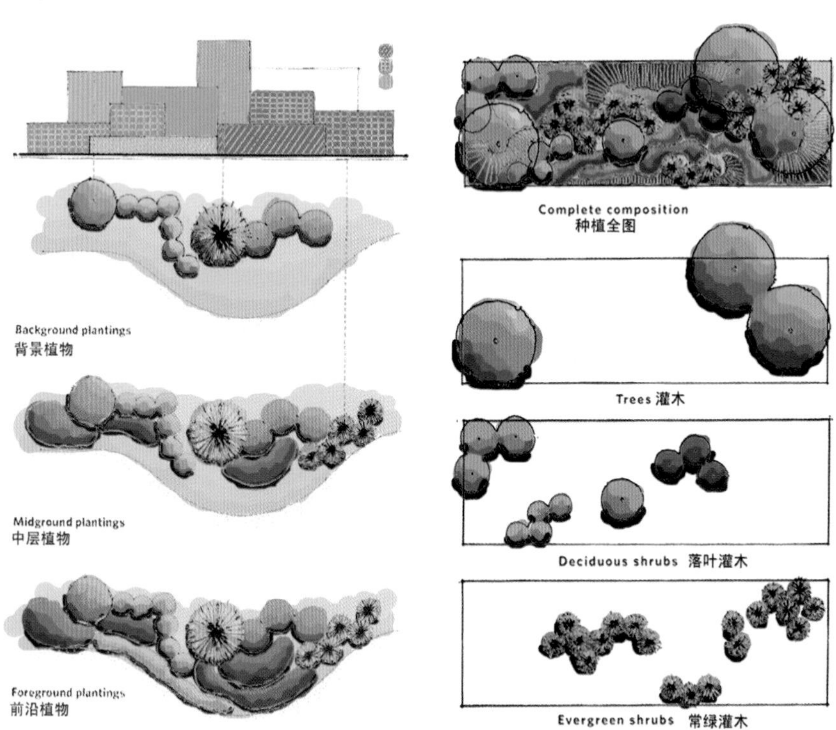

图1.5 乔灌草，高中低或背景植物、中层植物与前沿植物的分布情况

(2) 植物形成场地精神。

植物随四季变化呈现出不同的季相，植物随四季变化带来色彩的变化，给人感受不同，夏季绿草茵茵。冬天草木凋零，山寒水瘦，萧条悲壮。不同地域由于气候不同形成不同的植物景观，不同海拔形成不同的植物规模和景观特点，由于自然和人工的演化，形成一个地方地域特色的植物景观，并形成一定的文化和精神特点，成为一个地域、地区、民族和国家的象征，这就是场地精神。如荷兰的郁金香、加拿大的枫叶、日本的樱花就是当地地域或场地精神的体现。

(3) 植物造景。

植物形态、生理习性的变化和差异在人的心理感受上不同，人们对于栽种不同的植物感受不同。这也会受文化的影响，于是人们寓情于景，情景交融，将精神寄托借助植物来表现，托物言志，如牡丹雍容华丽，表现高贵大度；梅傲雪怒放，表现不畏风寒。

植物造景是植物在景观设计中的一项重要作用。人类模仿自然的性情是永远的，单独的、零星分布的植物不如成群的植物，当植物形成广大的植物群落，形成乔、灌、草、地被层的立体平面的综合生态植物群落之后，扩大了绿量，提高了绿视率。立面看林冠，会组成优美的天际线；平面看林缘线，乔、灌、草的结合，高低错落，平稳过渡，衔接自然。在城市中，模拟自然，将野外自然群落引进大城市，令城市园林有荒野气息，满足现代人崇尚自然的心理需求。

2) 植物造景的艺术

(1) 植物造景艺术。

植物造景根据场地的实际情况，认清问题，发现潜力，以植物的功能作用、布局、种植与取舍为前提。与此同时，用抽象的图形表达设计的要素和功能的原理，利用一些相关的符号、图表等把它们表示出来，具体来说就是室外空间、围墙、屏障、道路和景物。植物的作用就是在合适的地方充当这样的功能：背景、障景、庇荫、形成限制空间、引导视线、形成焦点等。景观设计要关注的是植物种植的面积和种植的区域，而不是植物如何分布。植物种植需要从功能分区布局上进行思考、优化和完善，令其趋于合理，在此条件下，方可进行细部设计考虑更多的细节，也就是整体全局思考，局部入手。

(2) 植物设计原则。

植物种植设计时，先要考虑高乔木、低灌木和草被的面积和区域，而不是具体的种植植物种类。植物种植设计从基本群体设计开始，不是从单株植物开始，在自然界中，植物是相互依赖、共同生存的群体。如果布置单体植物，那么其成熟程度在75%～100%。即使群体种植，如果是幼苗，需要考虑到植物成熟后应该具有的间隔，因此幼苗要分开。在群体布置单体植物的时候，要让它们之间有轻微的重叠，这样视觉上便容易统一，重叠的单体植物，重叠直径在1/4～1/3的尺度。植物排列为单体排列，按照奇数排列，这样奇数排列的树木相互之间容易配合增补。单体排列之后就可方便地进行树木组群的布局。将植物竖向从高到低，按照高大乔木、灌木和草被的立体分布，平面上在树缘中间栽植高大乔木，边缘种植低矮乔木或草带，使其在视觉上过渡自然。种植设计考虑成熟后，按具体需要选择植物的种类并确定其名称。

1.1.4　其他各类植物的种植设计要点

1．草坪景观设计

草坪的作用是衬托树木，与其他植物搭配组合成景。草坪与孤植树、树丛、树群结合，能够加强树群、树丛的整体美。国外草坪种植的方法是与高大的孤植树组合在一起，形成疏林草地景观；或者作为大片林地边缘的草坪，形成景观的边界；或者本身就是广阔的草坪，形成开阔的视野，周边是单一树种的高大林木，整齐完整，对比强烈，主次分明。

草坪与花卉组合成景。用花卉布置花坛、花带花镜时，用草坪做镶边来陪衬或提高花坛、花带、花镜的主题性，并且与路面有了过渡。由于草坪起衬托作用，因此草坪的面积大，花卉的面积少，花卉的面积不要超过三分之一。花卉可以利用石蒜、水仙等。

草坪与山石、水体、道路组合成景。草坪与山石的搭配，可以体现地势起伏和山石的轮廓。草坪中置石增加山林野趣。水体边缘设计草坪，符合自然规律，为游人提供观赏场地，为水体扩大视野，增加美感。草坪在道路两边设置，可以美化和装饰道路，缓冲硬质路面，减少交通事故的发生，路边的草坪必须选择抗污染强和适应性强的品种。

草坪与其他景点的建筑物组合成景。草坪与纪念碑、雕塑、喷泉等搭配组合，可以衬托主题，在硬质建筑和景点之间起到视觉上的缓冲作用及柔化作用，具有一种生态的美感。

2．水生植物景观设计

由于园林中的水面包括了湖面、水池的水面、河流以及小溪的水面，大小形状都有不同。水面的景观低于人的视线，水面植物景观设计是为了与水边景观协调，利于游人观赏。水面空间开阔，面积大的水面常给人空旷的感觉。用水生植物点缀水面，可以增加倒影，使水面层次丰富，寂静的水面得到装饰和衬托，植物显得生机勃勃，岸上和水上的植物倒影会使水面更有情趣。常用的植物有荷花、睡莲、王莲、凤眼莲、萍蓬莲、两栖蓼、香菱等。在广阔的水面上种植睡莲，碧波荡漾的水面，清风吹起，涟漪阵阵，景色十分壮观。而在小水池中点缀几丛睡莲，则清新秀丽，生机盎然。王莲因其叶片硕大如盘，只有在较大水面中才能显示粗犷雄壮的气势。水生植物设计布置时，要注意与周围环境的协调，让岸上的树木、亭、台、楼榭在水中有倒影的机会。水面不要过分拥堵，水生植物的面积控制在三分之一以内，以便于欣赏水面和水中的倒影，控制水生植物方法是设置隔离带或采用盆栽放置。对于严重污染、有臭味等观赏价值不高的水面、沟渠、小溪等，利用水生植物覆盖布满，形成一片绿色景观。图1.6为水面植物与挺水植物的搭配布置。

图1.6　水面植物和挺水植物

水体边缘是水面与岸边的分界，水体边缘的水生植物能够很好地装饰水面，也能实现水岸的过渡。水体边缘的植物采用挺水植物，如荷花、菖蒲、千屈菜、水葱、风车草、水蓼等，这些植物具有很高的观赏价值，对驳岸有装饰遮挡作用。例如，将芦苇植于塘边、湖岸等边缘一带，可表现出“枫叶荻花秋瑟瑟”的意境。

水岸有石岸、土岸、混凝土岸之分。规则式石岸难免枯燥，常配置适宜植物进行遮挡搭配，体现掩映多姿的效果；自然式石岸具有变化和丰富的线条，用色彩和线条优美的植物与自然岸石搭配，显出露、藏、顾、盼，景色优美。土岸由于曲折多变，植物种植距离不等才能够显得自然与协调。岸边种植的植物繁多，如水松、落羽松、杉木、迎春、垂柳、枫杨、小叶榕、竹类、黄菖蒲、玉蝉花、马蔺、萱草、玉簪、落新妇等。大乔木种在岸边是主题，用作水边的倒影，小灌木和草本植物等用作衬托、装点、遮掩驳岸。

水生植物本来就生长在沼泽、湿地和滩涂，不是人为的安排，只是要遵循自然而已，它们能够形成富于野趣和自然的景观，人们欣赏游览其间，其乐无穷。

3．藤本植物景观设计

棚架式绿化种植设计以观花、观果为主要目的，兼具遮阳功能，常见于园林景观设计中。其选择的植物多为生长旺盛、枝繁叶茂、有花有果的植物，如猕猴桃、葡萄、紫藤、野蔷薇、丝瓜、观赏南瓜、观赏葫芦等。棚架式构件需要选择轻巧的构件，棚架式绿化多用于传统庭院、公园、机关单位、学校、幼儿园、医院等场所，既可观赏，也可纳凉聊天或休息。

绿廊式绿化的种植设计，在廊的两侧设置相应的攀附物，令植物攀援而上，覆盖廊顶形成绿廊。可在廊柱的附近或者廊顶设置种植槽，选择攀援或匍匐植物，令枝蔓攀援或垂挂形成绿帘。绿帘具有装饰与遮荫的功能。选择的植物，为分枝力强、生长旺盛、枝叶繁茂、遮蔽效果好、姿态美的植物，如凌霄、紫藤、金银花、常春油麻藤、使君子等。绿廊的场所多在公园、学校、机关单位、居住小区、医院等，利于观赏，廊内又形成私密的空间，供人休息或聊天。利用紫藤形成绿廊，如图1.7所示。

图1.7　紫藤

墙面上的种植设计是将攀援植物引上墙体，达到绿化和美化的效果。它常设置在建筑物立面、围墙立面、立交桥的垂直面上，利用藤本植物进行装饰，吸收太阳的强烈照射和反光，柔化建筑外观。攀附的立面粗糙的表面，容易攀附藤本植物。在大面积的立面和粗糙的墙面，多使用枝叶较粗大的植物，如地锦、凌霄、钻地风、美国凌霄等植物。在光滑细密的立面表面，如马赛克贴面，多选用枝叶细小、吸附力强的植物种类，如绿萝、球兰、蜈蚣藤、常春藤、络石、紫花络石等。为了便于植物攀爬、向上生长，多使用人工手段，如在墙面上安装条状、网状的支架，并进行人工缚扎与牵引；也有使用钩钉、骑马钉等人工辅助方式的，但比较费时费工，因此还是选择攀附力强的植物品种为宜。

篱垣式植物种植设计是指用于篱笆、栏杆、铁丝网、矮墙等处的绿化，具有围墙式的屏障功能，也有观赏和空间分割的作用。用藤本植物爬满篱垣和栅栏，形成绿墙、花墙、绿篱、栅栏等，这样不仅具有生态效应，也使得绿化与栅栏视觉上容易协调，色彩丰富，富于生机。由于篱垣一般不高，选择的植物的攀援能力不需要很强，选择的构架材料可使用竹篱、铁丝网、小型栏杆等轻巧结构；植物材料选择以茎叶细小的草本种类为主，如豌豆、牵牛花、月光花、绿萝、海金沙等。普通矮墙上使用的攀援植物材料可以是其他的木本类的植物，如野蔷薇、软枝黄蝉、金银花、探春、炮仗藤、云实、藤本月季、凌霄、蔓八仙、五叶地锦等。

立柱式绿化种植设计中的“立柱”指电线杆、廊柱、高架公路立柱、立交桥立柱等，由于立柱多处于污染严重、土壤条件差的地段，因此植物材料选择为那些适应性强、抗污染的种类，利于形成良好的景观效果。选择的植物通常是缠绕类和吸附类的藤本植物，如五叶地锦、常春藤、常春油麻藤、三叶木通、南蛇藤、络石、金银花、蝙蝠葛、南五味子等。对于古树的绿化，应选择观赏价值高的种类，如紫藤、凌霄、西番莲等。

山石、陡坡地及裸露地面的绿化种植设计通常用藤本植物攀附在假山、石头上，令山石生辉，情趣自然。利用藤本植物的攀援、匍匐生长习性，可以对陡坡进行绿化，形成绿色坡面，既美观又能固土护坡，防止水土流失。使用的植物是地锦、五叶地锦、紫藤、凌霄、常春藤、钻地风、悬钩子等。

4．花卉景观种植设计

花坛种植设计是由一种或多种花卉组成的规则式花卉布置的形式。它在广场、道路的中央分车带或两侧、公园、机关单位、学校等观赏游憩地段、办公教育等场所应用广泛。花坛展示的是整体性，展现花卉的绚丽色彩或优美外貌。花卉主要选择植株低矮、生长整齐、花期集中、株型紧密的品种，以花或叶观赏价值高的一两年生的花卉或球根花卉为主，如金盏菊、金鱼草、三色堇、万寿菊、孔雀草、鸡冠花、一串红、石竹、福禄考、菊花、风信子、郁金香等。花坛植物配置时，花卉品种要单一，花色协调，花色相同的品种集中布置，不能混杂成大杂烩。花坛中心种植高大整齐的花卉植物，如美人蕉、毛地黄、金鱼草、扫帚草等。花坛边缘用低矮灌木或常绿草本作镶边栽植，如雀舌黄杨、紫叶小劈、沿阶草等作图案变化。为了显示较细致的花纹，可用毛毡花坛布置，使用植物材料如三色堇、邹菊、半枝莲等。

花坛因花材的不同可以分为盛花花坛、模纹花坛、盛花与模纹结合的花坛。花坛具有美化环境、组织交通、引导视线的作用。花坛从空间变化上看，有平面花坛、立体花坛、斜面花坛。平面的与地面平行，立体的表现为四面可以观赏，斜面的为地形呈倾斜变化的花坛。平面、立体和斜面花坛都是独立花坛。带状花坛是长形花坛，长宽之比大于4∶1，视觉上比较美观，带状花坛种植在建筑物基部、道路中央两侧、草坪边缘。

花镜是多种花卉组成带状自然式花卉布置的形式，是多种花卉艺术的提炼，如图1.8所示。花镜中花卉种类繁多、色彩丰富，富于山林野趣，令人悦目。双面花镜形成于两边有可供观赏的道路或草坪，植物种植设计时，中间高两边低，便于观赏。花镜由于并不经常更换，因此植物选择时要考虑季相变化，满足四季不同的色彩、姿态、体型、数量的调和与对比，形成整体的构图。需要把握植物组合中的花期、花色、生态习性的观赏特征特性，并预见配置后的观赏效果。因此，选择的植物为一年生植物，如宿根、球根花卉，还可以是生长低矮、色彩艳丽的花灌木或观叶、观果植物，特别是宿根、球根类，较能符合花镜布置要求，维护省工。花镜边缘种植，能够确定界限和轮廓，花镜边缘种植形状有自然式有直线式，常采用低矮致密的植物镶边或草坪镶边。

图1.8　花丛组成花群，花群立在斜坡上像一面镜子，就是花镜

花丛和花群常布置在开阔草坪上的林缘，成为树丛与草坪过渡的一个纽带和桥梁，也可以布置在道路的转折处或点缀在院落中，均有较好的观赏效果。花丛或花群布置在河边、山坡、石旁，令景观生动自然。花卉株少的为花丛，丛连成群的为花群，植物高低不限，但茎干挺直、不易倒伏、花朵繁密、株型丰满整齐者为佳。

花池与花台的植物景观设计是在高处台座的地面上布置的花卉形式，但面积比花坛小，多用于庭院景观设计中。此时植物的选择，多选用株型较小、繁密匍匐或茎叶下垂于台壁的植物，如玉簪、芍药、鸢尾、兰花、沿阶草等。

花钵是一种活动的花坛，是现代城市发展和种植工艺发展的产物，花卉种植钵多以灰色、白色调为主，造型大方美观，纹饰简洁。造型多种多样，花钵有方形、圆形、高脚杯形等，花钵种植植物比较灵活，植物品种更换方便，装饰效果好，在广场、街道、建筑物前随处可见。

花钵中可选择的植物种类十分广泛，一年生或两年生花卉、球根花卉、宿根花卉及蔓生花卉都可以。实际应用的植物，如春季用竹石、金盏菊、邹菊、郁金香、水仙、风信子等，夏季用虞美人、美人樱、百日草、花菱草，秋季用矮牵牛、一串红、鸡冠花、菊花等。从形态上讲，花卉的形态和质感要与花钵相协调；从色彩上讲，花与花钵需要产生对比，如白色的花钵与红、橙等暖色花儿搭配，能产生艳丽、欢快的感觉，白色花钵与蓝色、紫色等花儿搭配，能产生宁静、素雅的感觉。

基础绿化植物种植设计是指在建筑物、构筑物等基础的周围，常用花卉作为基础的栽植。基础绿化常形成一条狭长的地带，能够丰富建筑物的立面，缓冲墙基、墙角与地面之间生硬的线条，有柔化和装饰的作用，对于墙基难看的部分还具有遮丑作用。如果室内连接室外的是落地窗，绿化在此时则能够起到融会贯通的作用，给室内增添无限生机与自然情趣。

在雕塑、喷泉、塑像及其他景观小品的基座附近，也用花卉作为基础种植，起到烘托主题、渲染气氛的作用，柔化构筑物生硬线条，增加自然与生气。鲜花的鲜艳色彩与单色的雕塑等形成对比，增强了亮度，凝聚了视线，提高了景观效果。在其他部分，如园路、水边、树根等基础部位，用花卉点缀也具有装饰的效果。

基础绿化植物种植设计要注意背景与选用花卉色彩间的搭配，如墙体背景与花卉色彩对比能产生很好的景观效果。其次，花卉品种的选择要与周围建筑风格和环境相协调，建筑物周围和墙基下，植物多用整形式的行列种植，落地窗下采用自然式种植。活泼型雕塑用草花作衬托，潇洒自然，但纪念性塑像基座则用五色草纹显示伟人的形象高大。基础绿化种植的植物要考虑到它们的生长习性，喜阴的植物，如玉簪、铃兰、吊兰等种植在建筑物的北向，喜阳植物，如萱草、菊花等种植在建筑物的南向。

1.1.5　种植设计图

植被随地势的变化呈现为密集和疏散的变化，乔木下面是草坪，植物两边散开，中间就是阶梯式的开阔广场硬质铺地，如图1.9所示。

图1.9　植物随地势不同而设置的变化/杨坤铁设计/顾潜智指导

杭州西湖阮公墩环境景观园路环绕园子一周，呈自然曲折变化，中间为林中草地，四周为林地，形成很好的郁闭性和中间的开阔性，不同植物环绕建筑和园林主题布置，高低矮三者结合，不同季相对比，很好地体现了景观丰富性和层次性(图1.10)。

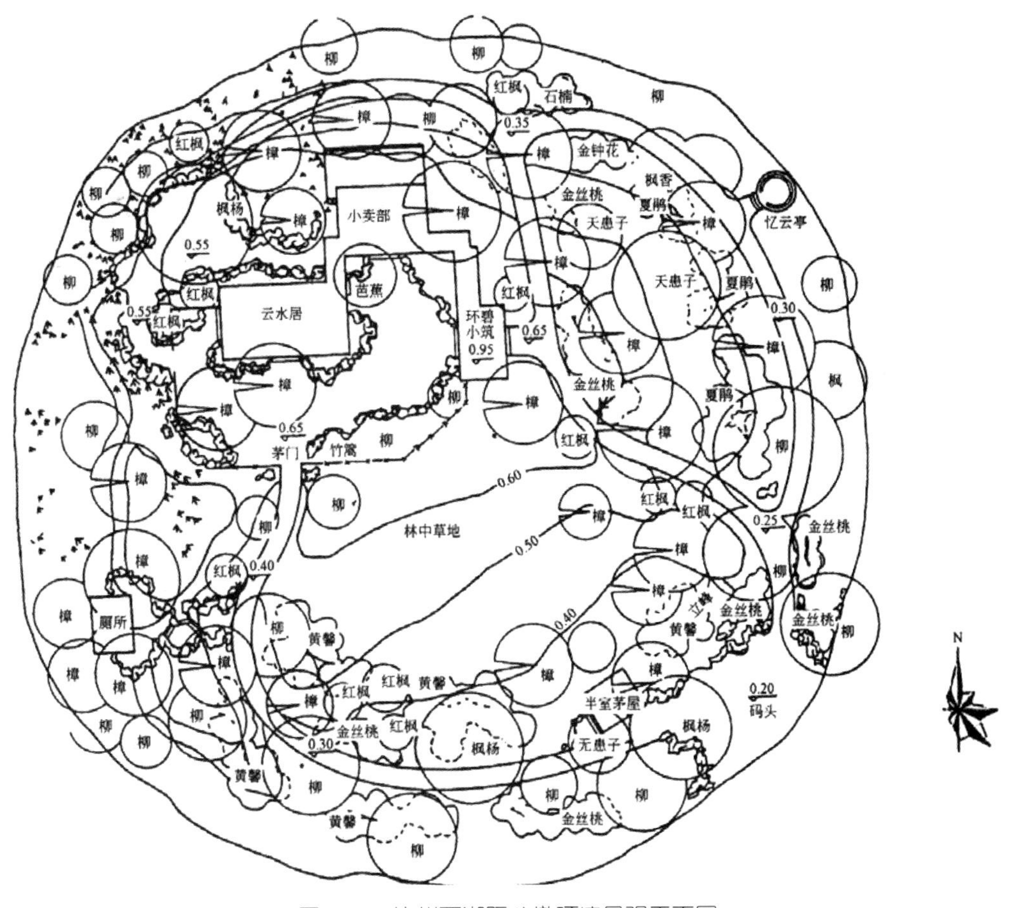

图1.10　杭州西湖阮公墩环境景观平面图

1.2 水体

水是生命之源，人的生活离不开水。工农业生产也离不开水，如农业灌溉需要水、牧业牲畜饮用需要水、娱乐游泳帆船也需要水等。水是万物之源，没有水，植物、动物、微生物等都不能生存。水的比热大，是调节气温、稳定气温的重要物质。植物白天的蒸腾作用使水分蒸发散失，既能调节空气湿度，也能改善小气候温度。水具有净化环境的作用，同时在更多情况下，水与山石、植物等共同形成美好的视觉环境和良好的生态环境，最后形成宜人的人居景观环境。

1.2.1 水体基本类型

水是液体的，没有固定的形态，根据其存在的形态和运行方式归纳为几种基本类型，可以据此比较掌握水体造景的应用方法和规律。

1. 平静的水体

平静的水体指室外环境中的静态水体，也称止水，从其容积和形态上分为规则式水池(图1.11) 和自然式湖塘(图1.12) 。规则式水池，从形状上可以是圆形、方形、三角

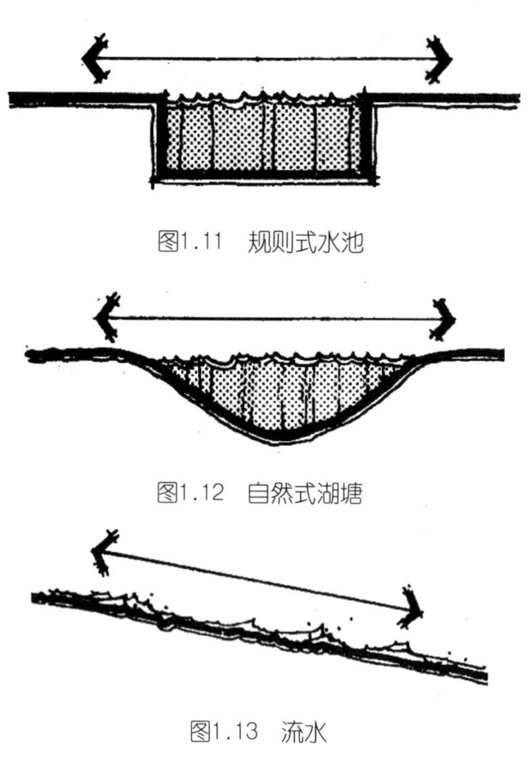

图1.11　规则式水池

图1.12　自然式湖塘

图1.13　流水

形和矩形等典型的几何形体。平静的水池，水面如镜，可以映照出天空或地面景物而形成倒影，与周围环境很好地融合，形成优美画面。由于水体是静止的，容易发臭，产生细菌、藻类和蚊虫等情况，保持池中有水、水质清澈不容易，维护成本高。自然式水体的形状是曲折变化的，可以使室外产生一种轻松恬静的感觉。岸线要注意虚实交错、曲折变化，常见形状有肾形、云形等形状。

2．流水

流水(图1.13) 是被限制在任意的容积中，地形发生了高度的变化，在重力作用下产生水的流动。流水的缓急与河床的宽窄、坡度大小、河床下面材料质地粗细柔化，都影响着流水的大小，河床粗糙石头容易阻碍水的流通，形成湍流、波浪和声响。

流水的形状、种类和特点各不相同，所产生的美观和感受也是不一样的。

流水的形式有溪流、水坡、水道、水涧等。流水对驳岸有侵蚀作用，设计中需要重视，地形上要重视重力的作用，在地形上要重视水流从高处流向低处。

3．湿地

湿地就是沼泽，沿河沿湖水陆交界的边缘浅水区，范围和面积广大。湿地中大量的植物、草甸、鱼类和栖息的鸟类，可以保护环境、降解污染，提供了良好的生态环境，同时也可以为人类提供一定的生产娱乐环境。西方国家(如美国)自从1970年之后，才逐渐认识到湿地环境的重要性，过去一直认为湿地是没有什么价值的，常常被堆填垃圾、围湖造田。被填埋后的湿地用作厂房建设用地或住宅用地等，其生态、美观、娱乐和环境作用没有被很好地利用和认识。

4．落水

落水(图1.14) 是流动的水，主要是瀑布、壁泉、水帘、溢流与管流等形式。现代园林中的瀑布，常将自来水管埋于崖壁中，涓涓溪水便顺壁而下，落入池塘或溪涧中，飞珠溅玉，有声有色，富于动态之美。喷泉中水分层流出或呈台阶状流出称为跌水，跌水的形式在中国园林中常以三叠、五叠的形式出现，当水从壁上顺流跌落而下时就形成了壁泉。水从高处呈帘幕状直泻而下就形成水帘，水帘用于台阶、矮壁等处形成“水风琴”，水用于园门就形成水帘

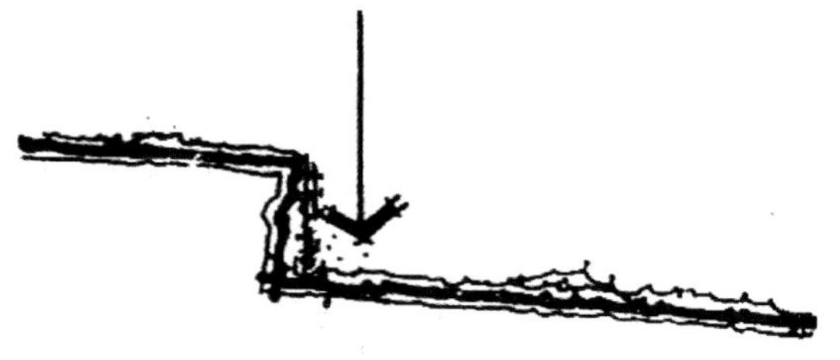

图1.14　落水

门。水满后往外流出成为溢流，溢流直落而下就形成瀑布，沿台阶而下则成跌水。水从管状物中流出形成管流，管大的如槽，小的如管，注入水缸、水池中，美化环境。落水常与周边地形造景相结合，烘托主题。

5．喷泉

喷泉是水从下至上的造景方式，有天然和人工两种方式，天然的如济南的趵突泉。喷泉形成时常成为视线的焦点，设计令喷泉有画龙点睛的作用。由于喷泉构造物的形式、大小和水压的不同，以及人工喷泉构造物形状和高度不同等的区别，喷泉的形式也是多种多样。喷泉的形式有涌泉、跳泉、雾化喷泉、旱地喷泉、间歇喷泉、小品喷泉、泉源和组合喷泉。喷泉常用于城市景观、广场景观、社区景观等环境中，起到点睛作用。主要的喷泉形式如图1.15所示。

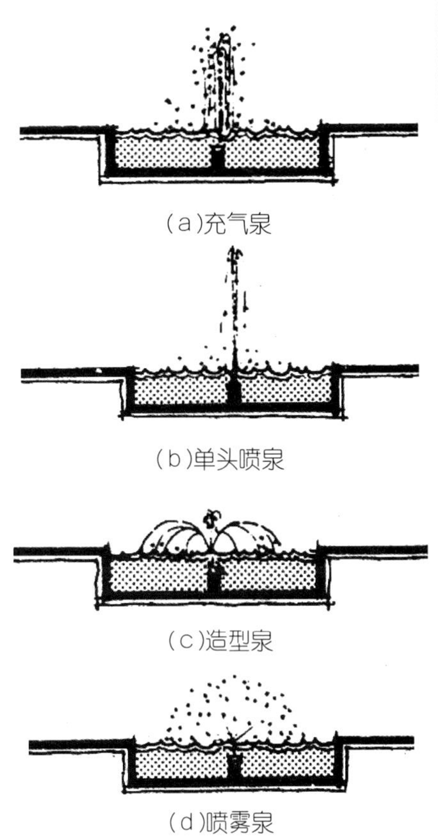
(a)充气泉
(b)单头喷泉
(c)造型泉
(d)喷雾泉

图1.15 喷泉的4种形式

1.2.2 水体造景的规律

水体造景对技术要求较高，在具体方案中要发挥水体造景的景观优势、节能经济和生态等的特点，在设计中做到因地制宜，可达到事半功倍的效果。

1. 合理的尺度和形态

水体造景是整体景观环境组成中的一部分，在设计过程中，需要考虑水体与其他景观构成之间的关系，水流的宽度、深度，河床下面的材质粗糙程度和大小等都会形成不同的水体景观的缓流、湍急、旋涡等景观特点。在干旱地区、水资源缺乏地区应减小水体的面积和深度，尽量利用可循环、维护简便的水体形式。中美两国水体形式对比如图1.16和图1.17所示。

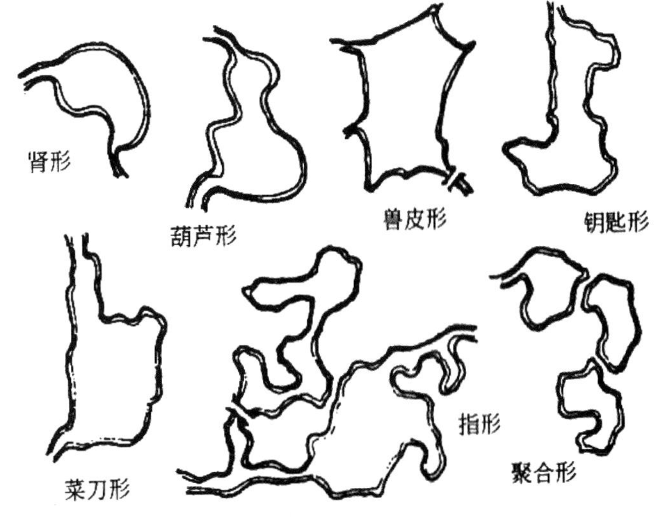

图1.16 中国式的湖面水形状——有机形

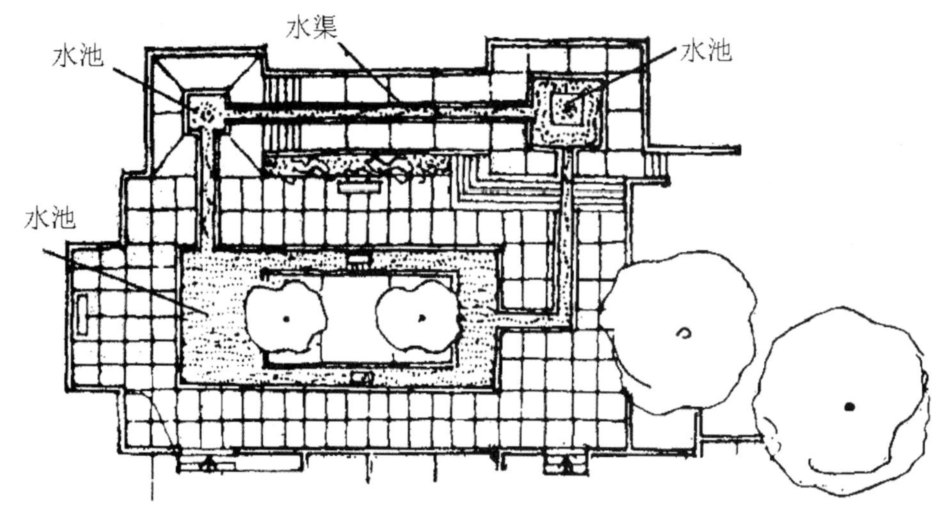

图1.17　美国哈普林设计的麦克英特瑞花园平面中的水形状——几何形

2．驳岸和边界处理

水体景观设计的重点是水体与驳岸边界的处理。直线的驳岸边界让人感觉僵硬，但容易接近；曲折粗糙驳岸，卵石与沙滩，让人感觉亲切自然。图1.18～图1.21展示了不同形式的驳岸。

图1.18　山石驳岸

图1.19　整形石砌驳岸

图1.20　水泥树桩池岸

图1.21　山石池岸

1.2.3 水体造景的方法和原则

按照水体造景规律，体现水体造景的方法和原则如下。

1. 宁小勿大

由于大面积水体维护困难、不经济，虽然能够形成好的视觉焦点，设计过程中需要有警示提示，如此处水深、禁止游泳、禁止垂钓等，令人观赏亲水的兴致顿减。水体的营造大都是人工的，并不能如自然水体一样能够循环、净化和降解，因此从水体的管理、养护、防污等经济性考虑，还是宁小勿大。

2. 多曲少直

水体的自然形状都表现为曲折变化的，令游人、观赏者产生兴致和变化的感觉。人造水体“师法自然”多表现为曲折可变的形状。然而现代景观设计中也存在直线、折线的几何形式，反映了人类征服自然的能力。图1.22中的图片体现了不同形式的水域设计。

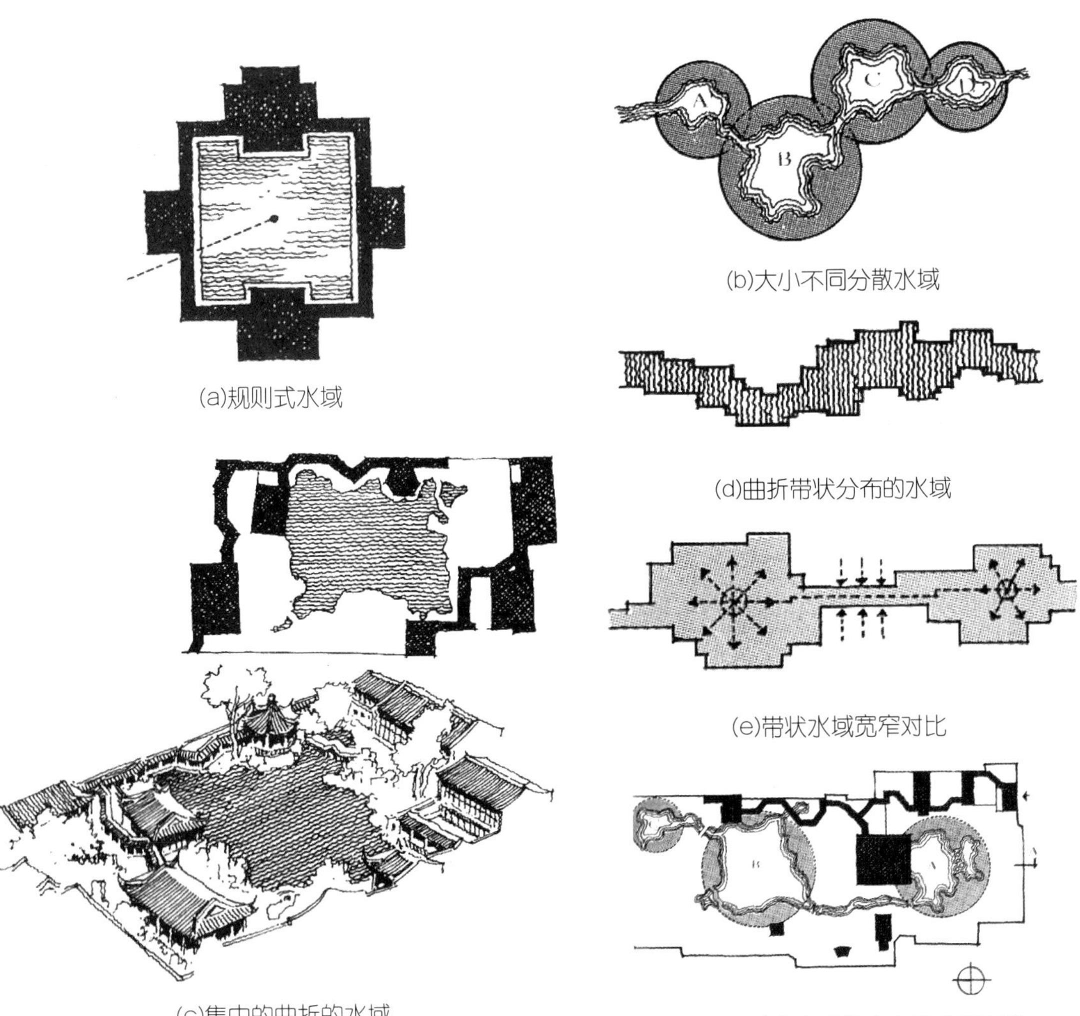

(a)规则式水域

(b)大小不同分散水域

(c)集中的曲折的水域

(d)曲折带状分布的水域

(e)带状水域宽窄对比

(f)连续水域中水域的中心形成和序列

图1.22 不同形状的水域设计

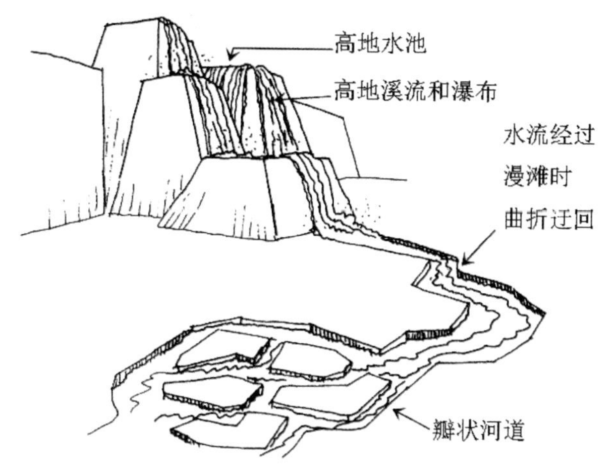

图1.23　水的重力作用下的水体变化

3．顺下逆上

由于地球引力作用，水是往低处流的，如图1.23所示。因此在水体造景设计中，需要遵循自然的规律，设计过程中，要尽量减少能量的浪费，少设计大的喷泉，遵循流水的重力秩序，应尽量从高处往低处逐步层级降落，减少人力、物力和能量的浪费。

4．优虚劣实

在水资源丰富的地方，水体造景设计就是真正的水体造景及其变化。在干旱、沙漠等缺水的地方或地形土体珍贵的地方，可以利用石块、沙粒、野草等做象征性的摹写，表现水体，令人感悟到水的重要，进而产生对水的珍惜，同时在视觉上也是一道新奇的景观线。传统意义上的日本枯山水，体现了禅宗的寂静和朴素。

图1.24 体现了优虚劣实，石组景观中，中间圆形苔藓的石组代表龟岛，中央的石组代表蓬莱仙岛，左侧的石组代表鹤岛，周围的白碎石就是大海。

图1.24　优虚劣实——日本室町时代的大德寺方丈南庭

1.3　地形

明确地形的功能作用，地形的类型和基础骨架，地形和景观视线的特点，竖向设计的基本特点和表达形式等。通过这些基础性知识的了解，在景观设计中充分地利用地形自身的功能、条件、空间视线的形成效果为景观设计服务。

这些原则包括：地形的功能性原则、地形类型特点原则、地形基础性骨架特点、地形景观视线特点、地形竖向设计方法。

1.3.1 地形的功能与作用

地形是景观设计中非常重要的因素，地形影响着户外空间的美学特征、人们的空间感，地形的高低起伏决定了排水、影响着视野、小气候以及土地功能结构。

1．分隔空间

地形分隔空间作用主要通过三个方面产生影响：空间的底面；封闭斜坡的坡度；地平轮廓线。空间底面的面积大小直接影响着底面空间的大小。斜坡坡面容易形成背景，在垂直空间上，如陡坡与凹地并存，陡坡容易形成背景。地平天际线则是通过人眼视线的延伸形成景观的地平的轮廓线。

2．控制视线

地形可以用来控制或者展现既定的景观目标，通过地形的起伏、跌宕、遮挡、悬念、吸引来控制景观视线和空间魅力。地形可以用来控制、强调或展现一个特殊目标或景物。视线高处的景物容易形成屏障；视线低处的景物容易形成敞开的空间，吸引视线的流动，形成景观的焦点； 倾斜坡面容易形成展示观赏因素的地方；陡坡或者高处，尤其是制高点，容易形成最吸引人的景观标高。坡面陡峭游览不方便，平坦则游览步行方便，开阔空旷地形利于视野通畅，容易吸引视线；地势高陡峭地容易形成屏障和背景，造成路线和视野的阻碍。人们可以通过控制和利用地面地形的陡峭平缓来引导视线和阻碍视线，控制景观，形成遮挡、跌宕、起伏、开阔、舒缓和悬念的视觉心理感受，如图1.25和图1.26所示。

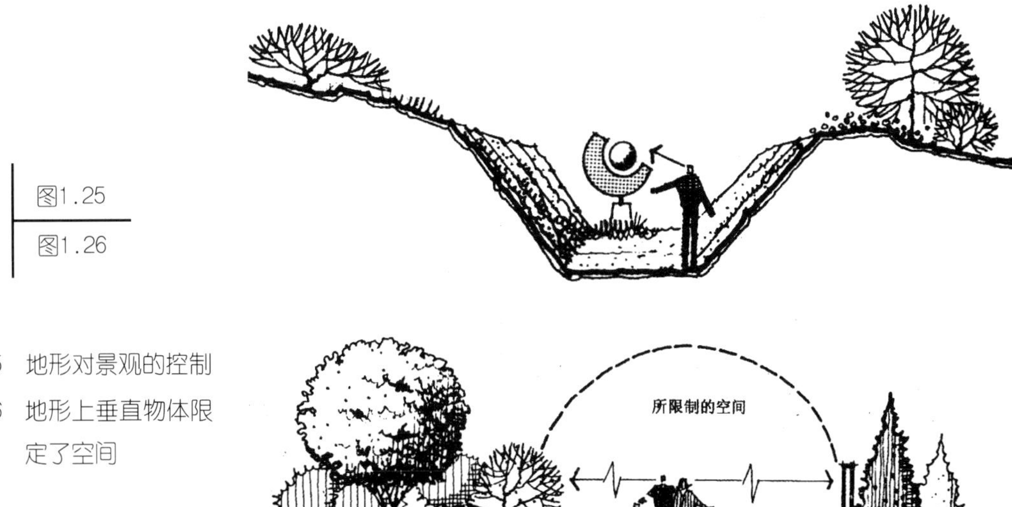

图1.25 地形对景观的控制

图1.26 地形上垂直物体限定了空间

3．环境功能

朝南的方向可以获得更多的阳光直射，气温高；朝北的方向因为地形抬高，受到遮挡，获取的阳光直射少，温度低。因此，设计上广泛利用山地南向作为人活动的地方，山地北坡作为森林绿化之地。山地的北面是迎风坡，冬季寒冷；山地南面气流被阻挡，小气候平稳，利于人类生产、生活、娱乐活动。山地附近的谷地、谷口或者洼地等容易吸引和引导气流，开阔空旷的平地的气流经过马鞍地或谷口之后效果增强，将成为景观聚落之地。空间设计上，利用地形的堆积、下沉或者平地的地势变化来营造景观的变化，满足人类生活的需要。

4．美学功能

地形是各种材质形成的，视觉的特征是变化的，能够给人各种视觉美感。岩石和水泥轮廓分明、挺括，给人视觉分明、清晰坚硬的感受；沙滩细石的柔软细腻使人产生宁静平和的感受。地形的起伏变化，阳光照射和阴影的明晦变化与节奏，引起人的喜悦和忧伤的心情变化和视觉美感。地形的地质变化和地貌变化造成雕塑景观的变化。地形上的人为景观建筑以地形要素为基础，如平坦、起伏、倾斜或丘陵的地形变化。通过控制地形的连续景观变化，让人为景观融入地形之中，形成赏心悦目的景观。人为景观充分利用地形及自然景观的依托，形成自然景观美景。

景观设计中，利用地形的现状和地形的控制，运用地形的铺地、材质、质地、主导风向、采光背阴向阳的设计，融合地形变化和自然元素，引导视野、疏导排水、营造小气候以及土地功能构造，充分发挥景观的美学功能。

1.3.2 地形的类型

地形是土地的一种外观形态，是地貌的近义词，指地球表面的三维空间起伏变化，简而言之，地形就是地表的外观。从大尺度来讲，地形有峰峦、丘陵、平原和高岗等多种类型，一般称为“大地形”；从小尺度景观来看，地形包含有土丘、台地、斜坡、平地或因台阶和坡道所引起的水平面的变化，一般称为“小地形”；微微起伏的沙丘、水波纹、道路上的石头等的变化，是起伏最小的地形，因此称为“微地形”。地形总是通过诸如规模、特征、坡度、地质构造以及形态等来进行划分。地形涉及土地的形态，即视觉和用处及功能方面。地形在形态上分为平地、凸地、山脊、凹地和山谷(图1.27)。然而，在自然界中，这些地形类型并不孤立存在，彼此之间总是相互联系和融合的。

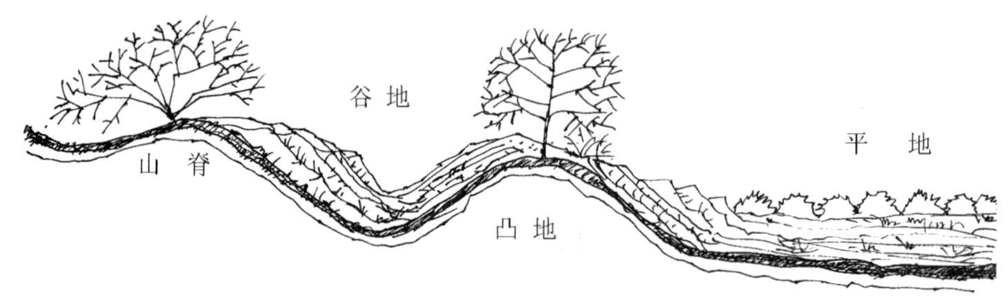

图1.27 山脊、谷地、凸地、平地等地形空间类型

1．平地

平地就是土地的基面在视觉上与水平面相平行的地形，又称为水平地形、平地或平坦地形。真实的世界里，没有绝对的完全水平的地形统一体。平地是指水平的或者平坦的地面，水平指的是水平的面，平坦指的是均匀的或稳定的平面。平地由于在地形上没

有明显的高度变化，因而平地总是处于宁静、静止的状态，表现为与地球引力相平衡。人处于平地中，能感觉到一种舒适和踏实的感觉。因此水平地面在景观场地的使用上便于游人站立、聚会和坐卧休息。平地由于广阔无垠，令人缺乏三维无限扩展空间的地形感觉，容易创造一种开阔空旷、没有私密性的空间，没有遮挡不悦、噪声、遮风蔽日的屏障。在景观场地设计上，利用垂直或间隔的景观元素如植被、墙体进行分隔处理。

平地上因为没有遮挡，容易形成一览无余、不受阻挡的视觉效果。因此在平地上的垂直竖向景观，如建筑、纪念碑、塔、烟囱等容易成为视觉画面构图中的焦点和主题。水平地形的面积广大且视觉透视上有延伸变形，能很好地形成背景，与竖向景观自然地形成过渡，远方水平的地平线和水平的竖向景观造型具有相似性，极易统一、协调、融合。水平地形由于是水平的，产生了宁静、静止的特性，在平地上的任一竖向景观，由于本身缺乏空间上和结构性上的导向性，从任何方向上作为视点，都能产生水平、和谐、宁静、统一的构图画面，相对于高地、陡坡等海拔高度变化大的引导性地形，平地具有中性背景和多元景观选择的特性。在场地景观设计中，不具备特定方向的抽象几何体，如圆形、正方形，以及水晶体造型适宜布置在平地地形场地中。

2．凸地形

凸地形是竖向地势上周边低矮朝向中间逐渐升高的地形地貌，地貌上呈现为丘陵、山峦等。由于凸地形中央竖向地势高，渐近制高点，视觉所见越广阔。站在制高点(山顶)上有“一览众山小”的豪迈感受。凸地形具有地理与心理上的控制性作用，凸地形就成为空间上的实体。与之对比，山下的地势，如洼地，谷地等则成为一种负向空间。

凸地形的顶部山脊，由于高度所限，常常遮住、封闭了人们的视线去向，容易形成空间的界限。

凸地形在地理环境中具有地理上的特点和美学上特点。一方面凸地形由于地形地势升高，可以遮挡北风，导致凸地形北面寒冷干燥，凸地形南面由于接受到大量的太阳直射，比较温暖湿润。在地形上凸地形制高点的竖向地势高，导致与凸地形相邻的山谷吸引大量空气流动，形成风口，这样形成地理上的小气候。另一方面，凸地形的制高点在视觉上具有仰望、崇敬、吸引和向往的心理特点，容易形成景观视觉上的焦点。而站在这个焦点处(制高点、山顶等)，容易俯瞰全景，形成鸟瞰效果，因此景观设计中，经常利用凸地形或者地形相交的高地势处形成景观视觉的中心或焦点。例如，在此建造建筑、构筑物、庙宇、神坛、烽火台、瞭望塔等，容易形成美丽景色。

3．山脊

山脊是与凸地形相似的一种地形，只是山脊表现为凸地形的高地呈一种连续的线性分布。山脊是凸地制高点的连续延伸，同样具有限制视觉空间的作用。在山脊上，视野开阔、舒坦、延伸无限。山脊居于凸地形顶部的位置，沿山脊线因为没有重力的垂直方向的阻力，移动方便。从水平投影图看，沿山脊地形为中心辐射开来，在斜坡上建筑构筑物，形状狭长与等高线平行布置用来减少重力影响。在山脊上布置构筑物如建筑、庙宇，具有视觉上的崇敬感。布置停车场、公路是理想场所。在山脊的底部是洼地或谷地，由于地势低，形成排水的底部，容易形成积水潭，而山脊的制高点地位成为天然的分水岭，各自划分了排水的界限。

4．凹地形

凹地形在景观中被称为碗状洼地，地形上，等高线最低值在等高线中心附近。景观设计的形式上可以通过平地挖掘地势下沉，四周堆土地势升高形成；也可以是多个凸地形围合形成。空间的制约性：由于四周地势升高，遮挡了视线所至，限制了空间。凹地形由于空间的遮挡，似圆形的形状具有引力的向心性，凹地形内部中心容易成为视觉的中心和焦点。凹地形的四周遮挡物不仅遮挡了视线，也妨碍了空气的流动及阳光照射，能够起到聚热效果，温度会升高一些。由于凹地形比四周低，它也是吸引雨水下流的地方，容易潮湿，也是能够形成湖泊和水池景观的地方。

5．谷地

谷地与山脊具有相似的等高线，只是箭头是向上指向的。谷地地势低沉，是水流汇聚的地方，也是低洼的地方，由于面积狭长广大，它也是公路通行之地。但它更多的是吸引山地的降水、径流、地下水、暗流的地方，形成溪流、湖沼、湿地，因此建筑景观施工要避开潮湿低洼地区，避免地理灾害，这样也不至于造成生态破坏。谷地附近的建筑或景观构筑物，宜沿着谷地周围的斜坡构筑建筑，但方向应与等高线平行，建筑物狭长为好。同时广大广阔的谷地也是形成洪泛区的地方，容易形成千里沃野，形成很好的农业区，同时也可能建成很好的娱乐景观区。凹地形的景观设计需要保护生态环境，尊重自然规律。

1.3.3 地形基础骨架构成

万事万物的存在都需要以地表为依托，地表的情况取决于地形，地形的起伏、跌宕、舒缓、平坦；或者是凸地形、凹地形、水平地形；或者是山脊、谷地、沟壑、河流、水池、湖泊等决定了地表上景观设计布置的形态和存在。

任何景观设计都是以地形场地作为基础骨架的。因此景观设计过程中首先要明确景观设计方案的空间秩序和场地空间的现状，本着因地制宜的原则，充分利用场地的现有自然景观资源进行景观设计。

1．地形改造

大量的场地设计甚至建筑规划都过于简单化。或将水池全部填平，或将山头全部削平，成为平地。如果是地产建设，这样做可能是为了多建房，好卖钱。从理论上讲，这缺乏对于不同地形地势自然功能的全部理解和生态系统理论的认知。场地设计需要因地制宜、因势利导。

2．地形排蓄水

地形排水需要依照当地地形的高差，利用重力原理，让低洼处成为蓄水池塘。水系营造主要提供硬质护堤、明渠、冲沟或大面积的漫滩。水系的存在可以增强场地的艺术性与趣味性，增添美感，增添人的亲和力，改善微气候。水系的处理有规则式的水池，径直的明渠等，边缘线挺括分明，形状是纯几何形的，如圆形、方形、三角形等，一看便知是人造的，给人一种平淡、庄重的视觉心理感受。曲折自然的水系边缘和形状，则给人一种柔美、亲和、有趣、轻松、恬静或神秘的视觉心理感受。

因地形地势变化改变的蓄水区，需要注重底层基址的状态，在某些特定环境下需要作防渗处理，蓄水区的深度和位置要符合当地水文和气候环境，减少维护成本。

3．坡度

斜坡的垂直高差除以整个斜坡的水平距离所得的数值是一个百分数，表示坡度。这种方法比其他方法用得更多。坡度有缓坡和陡坡两种，百分数大于15%的为陡坡，小于15%的为缓坡。陡坡利于排水，缓坡适宜开发建设，适宜做活动用地。坡度为0～1%，这种地形排水性能差，容易积水，开发时应做一定的斜坡，有利于排水入洼地。1%～5%的坡度对于外部空间大的地形非常理想，适宜用作工程用地，如建设楼房、停车场、网球场和运动场等。其中1%的坡度适宜用作草坪和草地；2%的坡度适宜用作平台和庭院铺地；5%～10%的坡度适宜用作多种形式的土地，需要用挡土墙、台阶、树篱等做相应的布置和处理，视阈构图将层次丰富。10%的坡度容易造成水土流失。10%～15%坡度，对于大多数项目来说比较陡峭，应尽量减少土石方填挖，以防水土流失。此种场地的高处必定视野开阔，四周风景美丽。大于15%陡坡，环境和经济上不适宜作大量的土地开发和利用，这种陡坡可以看做是山的余脉。整个场地上讲，注意陡坡的方圆大小和山体走向的山脉变化趋势。

4．坡面稳定

坡面的稳定性取决于施加于坡面之上的各种作用力，取决于其本身有效的抵抗力。坡面的稳定是一种平衡状态，这种平衡状态存在于水、风、人和其他作用力的推动力和抵抗力之间。其中的某种力超过了抵抗力的强度，景观就不再稳定，会产生巨大变化。如陡坡土壤中的树根，是维系着土壤之间力的平衡的中枢。如果地表中的树木发生变化，树根就会死亡，树根稳固吸引土壤的力就会削弱，平衡就会被破坏，陡坡就会崩塌。如果山坡上修筑公路，树木、植被、根系、土壤就会被破坏，地表就会被破坏，就会产生塌方、滑坡，地面就不再稳定。

坡面稳定的维护，首要的是植树种草，通过根系维护不同深度的土壤；坡度陡、护坡短的就用石料、木质材料填塞、覆盖、夯实，或建立挡土墙或护坡进行保护；不同情况的坡面采用的方法也有区别：坡度陡、长度小的坡面，用石质坡面石材的护坡，非常稳定；坡面是黏土墙做的、砂质土壤需要用心考虑，护坡需要认真考虑。

1.3.4 地形和景观视线

景观视线是人在景观园林中游览所见的视野区域。地形是地球表面的三维空间，是地表的外观。地形包含复杂的类型，包含土丘、台地、斜坡、平地等，人处在不同的地形中，所获得的视觉感受也不同，存在着主观与客观的心理关系和视觉的变化。

1．地形与景观的封闭性

地形限制外部空间，影响人的视野范围，这主要由3个方面决定：空间底面范围(谷底)；封闭斜坡坡度(坡度)；地平轮廓线(天际线)。如果空间底面范围小，因为起伏过大，平地少，人站立脚跟的空间就小，所见空间范围就少。当封闭坡面高，人的视野角度大于45°，坡度的高度和水平长度比为1∶1时，即视域水平视线的上夹角为40°～60° 到与水平视线的下夹角为20° 的范围内，此时的视域完全封闭，如图1.28所示。

图1.28　地形造成的封闭性空间和开放性空间

2．地形与景观的开放性

当封闭坡面低，人的视野角度小，或者当谷底、坡度、天际线三者之间的可变比例小于18°时，人的视野封闭感将完全消失。凸地形的顶部，周围地形低，此时视野毫无遮挡，视野完全开放。此时，较高位置的物体，容易被注目，也容易成为视觉的焦点。凹地形中的较低处的景物，容易被较低位置的人所看到。景观设计中，高处的物体容易受到注视，令其成为焦点；低处的物体为了便于观看，观者令其处于接近的位置，如斜坡上。低处看高处和高处看低处都具有一定的视野开放性。开放性的前提是视野所向的一面没有物体的遮挡，视线容易被吸引，开放性空间就此形成，如图1.28所示。

3．景观视线的控制

人的视线习惯于沿着最小阻碍的方向前进。视线所向之处，有一定的底面空间，所向之处如果存在竖向垂直的障碍物体，在障碍物体前有视觉注视的景观，此时此刻，垂直竖向的障碍物体就成了背景，有利于衬托突出景观。景观设计中，为了突出某景观，令某景观成为焦点，通过地形或利用地形、树林、墙体进行屏障，封锁任何分散的视线，令景观成为焦点。

景观视线的控制通过步移景异的时空变化，利用空间手法，交替展现和屏蔽目标或景物。它利用地形的起伏、树木土山作屏障、平地的舒展、墙体、台阶的升降等形成时空上的“断续观察”或“渐次显示”。在视阈所见的变化中，景观的主体部分显露时，增加了游客心理上的期待和好奇，驱使游客移动穿过空间，景观全貌得以展现。设计中运用此种方法，创造一个连续性变化的景观，引导游人前行。

景观视线的控制还可以通过改变地形或设置树篱、墙体遮挡屏蔽不受欢迎的景观来进行，比如对马路两边的丑陋景观、不悦目的建筑物、停车场等进行遮挡。制高点是形成全景视域的手法，能提供广阔的视野。在制高点上适合安排与地形协调的构筑物，构筑物比较狭长并且与等高线平行布局。

图1.29、图1.30和图1.31是利用不同手法控制景观视线的示意图。

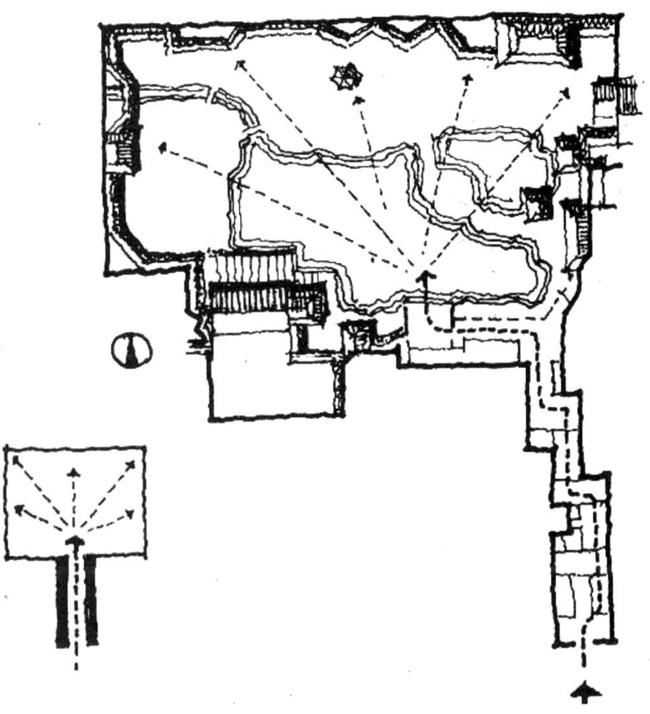

图1.29 先抑后扬引导控制景观视线

图1.30 透视控制景观视线

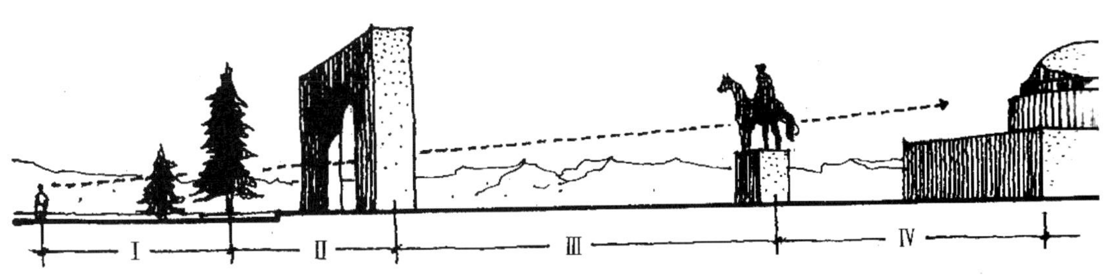

图1.31 渗透与层次控制景观视线

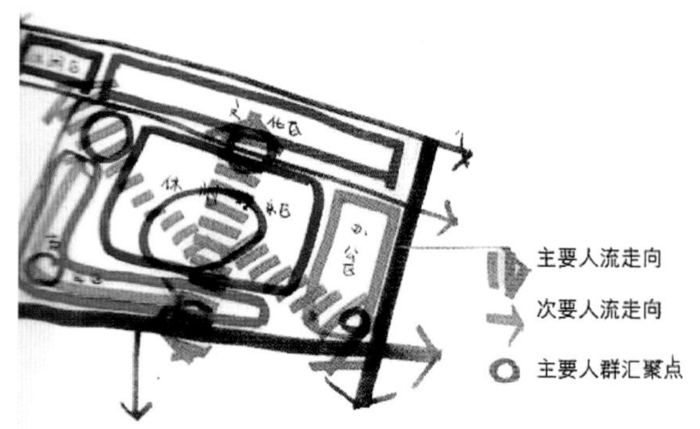

(a)功能结构图

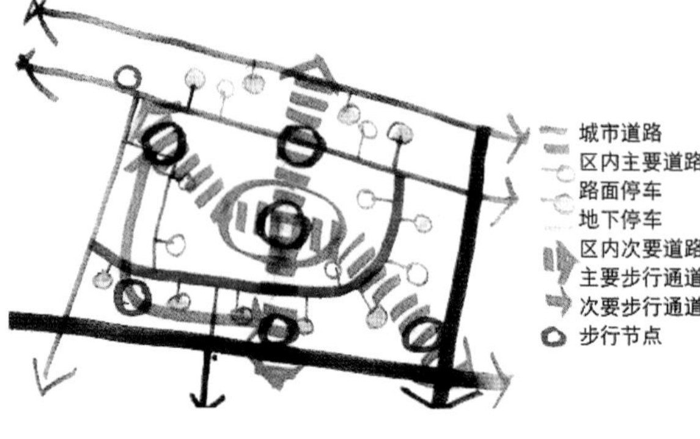

(b)道路交通图

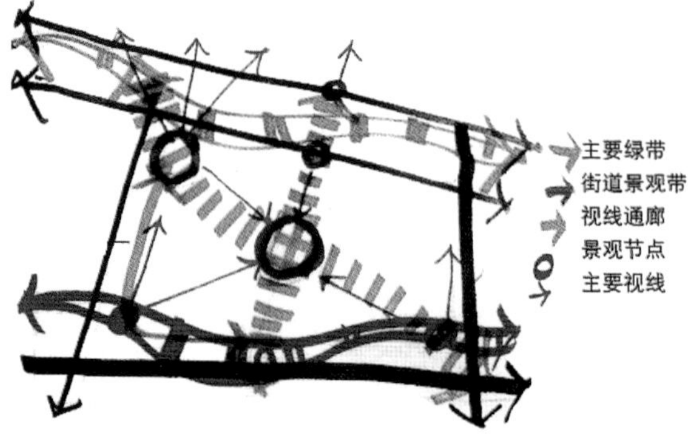

(c)景观视线图

图1.32　城市特色风貌景观规划设计之功能结构图、道路交通图和景观视线图分析

在景观设计中，通过控制游人的游览速度来实现景观视线的控制。游人游览运动的路线总是朝阻力最小的道路上进行，在地形上平地的阻力最小。斜坡、山脊是运动阻力所在，穿越山脉时，人们总是会选择低矮的谷地、山洼、山鞍部等处，最为省力。景观视线控制的几种形式如下。

①如果景观游览需要快速通过，设计成平地；②如果景观游览需要延长时间，就选择陡坡、斜坡、台阶、上下坡或高地作为景观的道路；③如果景观游览要慢速进行，这一段路地形高低起伏变化有节奏，多选择或设计成一系列水平高度变化，需要完全停留下来，就设计成为水平地形；④景观设计如果令物体突出，无疑就需要选择在高地上进行设计构造；⑤景观设计如果令物体融于山体和自然中，设计与构造就需要选择在斜坡之上，而不是置于山顶上，让山顶和山体上的植物成为背景；⑥地形起伏的山坡和土丘作为障碍物，控制人流避免经过某些区域；作为障碍物的墙、栅栏等构筑物的使用，能遮挡不雅景观。它们隐藏于谷地、凹地之中，站在高地的人看景观全景时，景观会比较优美而不至于丑陋。

图1.32和图1.33展示了城市特色风貌景观规划设计的子图及总图。

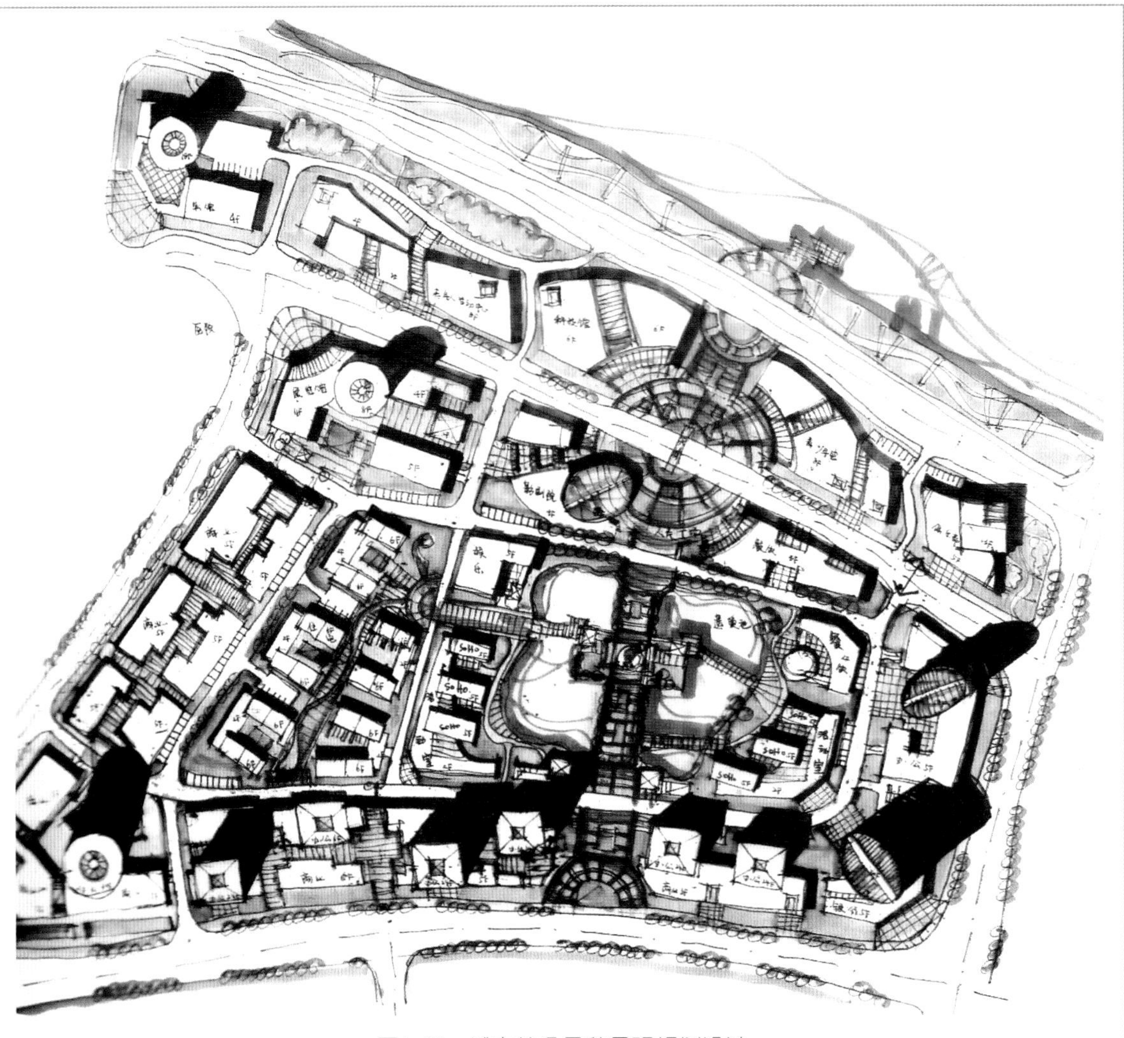

图1.33　城市特色风貌景观规划设计

1.3.5　地形的竖向设计方法

竖向设计是为了满足道路交通、场地排水、建筑布置和维护、改善环境景观等方面的综合要求，对自然地形进行利用和改造，为确定场地坡度、控制高程、平衡土石方而进行的专项技术设计。

景观设计中，功能分区、流线设计、景观视线等依托平面来进行思考，当平面布局完成之后，竖向设计成为思考的内容。竖向设计最重要的是地形设计、地形地貌的高差变化与衔接、立体形态的设计等。竖向设计是场地坡度、控制高程、平衡土石方的专项技术设计。场地地形利用和平衡土石方等因地制宜就是研究的主题。

1. 坡度设计

1) 平坡地设计

由于平坡地不利于自然地形的排水，在竖向设计里需要设计一定的坡度，也可以避免视觉效果单调。平坡地设计成多坡面，排水效果更好，艺术效果也会比较好。平坡地设计有以下几种情况。

如果地面是铺装硬地，坡度一般较小，大约在0.3%～1%之间。为了利于排水，地面坡度最好设计成多坡度。如果地面是草地，坡度可以设计大些，在1%～3%之间比较理想，这样既有利排水，又适合安排各种类型活动项目。如果是山坡和山林之间的平地的类型，按照坡率渐变的方法进行设计，从30%、15%、10%、3%直至接近水平，形成0.3%的缓坡逐渐深入水中。此种情况下，丘陵、草坪之间过渡缓和，不会形成生硬的转折界限。当地形设计是为了便于观赏景观的全貌时，采用平台、坡面进行衔接、缓冲、过渡，形成地坡高差变化，令人产生步移景异的视觉观赏效果，设计上采用阶梯、台阶和坡道衔接的方式。

2) 丘陵地形设计

丘陵的变化一般在10%～25%之间，景观设计时要注意丘陵的走向趋势。平坦地形地貌是多方向、有张力的力感地形；凸地形如丘陵、山岗可以创造景观构图中的视觉焦点；凹地形如山谷、盆地等具有封闭性和内向性的特点，人在其间，容易产生神秘和孤独的感觉，而平坦开阔之地容易令人产生心胸开阔、豪放的情绪。

2．高程设计

高程的变化是景观中最引人注目和生动的变化，表现为地势的高差变化。当人在较低的高程(地势)点处时，会产生安全的感受；当人在较高的高程(地势)点处，整体景象尽收眼底，会产生一种控制自然、支配自然的优越、豁达之感。高程控制的竖向设计方法有以下几种情况。

通过地形的上升与下降，来引导和隐蔽视觉景观导向，令人产生视野舒坦、无阻和隐蔽、神秘、期待的心理感受；利用堆土筑山，通过不同软硬质材料，利用堆、叠、连、拼等工程技术，模拟实体堆积土山石等进行地势高程的上升；通过挖掘平衡堆积土石方的方法进行地势高程的下降，两相对比形成高差变化，令人产生步移景异和心理上的舒坦、开阔和隐蔽、神秘、期待的感受。

3．竖向设计应遵循的原则

竖向设计的任务一方面是在分析场地地段的地貌和地质条件的基础上，对原地形进行利用和改造，令其符合使用原则，适宜建筑布局和排水，满足功能合理、技术可行、造价经济和景观优美的需要。另一方面，按照人的正常视野角度考虑景观立体的造型。

景观设计中场地内合理的竖向规划关系，要遵循以下原则。

合理利用原有地形地貌，避免土壤冲刷；减少土石方、挡土墙、护坡和建筑基础工程量，合理确定场地的控制高程、适用坡度；防洪、排涝的基本要求应符合地方部门规定；应有利于建筑布局与环境空间的设计；场地设计高程与周围相关的现状高程(城市道路标高、市政管线接口标高等)及规划控制高程之间应有合理的衔接；建筑物与建筑物之间、建筑物与场地之间(如建筑散水、硬质和软质场地)、建筑物与道路停车场、广场之间应有合理的关系；应利于保护和改善建设场地及周围场地的环境景观。与此同时，景观的竖向设计还需要与平面设计具有一一对应的关系，尺度协调，能够正确反映立体的关系。

4．竖向设计的表达

竖向设计是以平面设计为基础的，利用平行投影关系原理进行设计表达。景观竖向设计图是被一假想垂直面沿水平或者垂直方向剖切以后，沿着某一剖切方向投影所得到的视图。立面图沿着某一个方向只能作一个图。

竖向设计图需要注意：①地形在立面和剖面图中用地形剖断线和轮廓线表示；②水面用水位线表示；③树木应描绘出明显的树型；④构筑物用建筑制图的方式表示；⑤景观竖向设计图中，要加粗地面线、剖面线，被剖到的建筑物和构筑物也要用粗线表示，图上的线型最好用3个以上的线宽等级来画图；⑥在景观平面图中用剖切符号标识出需要表现立面的具体位置和方向，景观设计中的地形变化，具体选用树种或树形变化，水池深度和跌水情况；⑦景观竖向设计图的色彩不必太多，避免杂乱，但要强调虚实主次、明暗关系和前后层次。

景观构筑物的立面造型和材质等信息都需要在剖立面图中表达出来。平面图表达的是景观设计的布局和功能，而竖向图(立面图)则具体表现了设计师的艺术构思和风格创造。剖立面图的绘制需要详尽具体。

景观竖向设计图表达了景观设计的主要内容：①垂直元素与相关活动及技能的重要性；②显示在平面图中无法显示的内容和元素；③借以分析优越地点的景观和视野；④研究地形并显示景观资源；⑤说明生态学上的关系并显示气候和微气候的重要性；⑥显示建筑元素、构筑物的内部结构。

1.4 空间

景观设计的空间，具有自然环境和人造环境形成的特点。重点是了解景观空间形成的特点和方式方法，并进行初步的景观设计。

这些原则包括：空间的三界、空间的种类与特性。具体包括：细节景观环境的铺装、景观空间的视线和景观空间的塑造、景观空间元素的应用、景观节点的设置、景观轴线的形成和景观空间的形成、交通流线的安排和景观空间的制控和形成。

1.4.1 空间的三界

景观的空间是有形状的，也是有体量的，有空间的。雕塑家亨利·摩尔认为“形体和空间是不可分割的连续体，它们在一起反映了空间是一个可塑的物质元素”。景观空间的限定主要依靠是界面形成，界面及其构成方式也就成为景观空间的研究重点。景观空间是理想生活的物质载体，景观环境的有机性在于自然环境与人工环境的和谐统一。景观设计不是以某种范本或者理想模式来改造现有的空间，而是在尊重场所及其精神的前提下，研究场地固有的空间构成规律，在融入设计意图的同时，建造新的景观空间，这也是创造个性化空间和特色化景观空间的基本途径。

必须有人的存在才能称为景观空间，它是为人的游憩娱乐塑造的空间。这样的空间由天空、山石、水体、植物、建筑、地面与道路等构成，被称为全景空间。广域的景观空间是大尺度的自然景观空间，常以地为底、山为墙、与天空的交界作为天际线。中等尺度的景观空间，表现为行人在步行、舒适的情况下，视觉感受到城市空间景观的大小，如在步行街、广场、公园、居住区公共活动区域等。微观尺度的景观空间，表现为一种休闲状态下，人对个人领域以及交往空间感受到的距离空间。这个距离是能够辨别人的脸部表情的最远的距离范围。

景观空间是一个信息共享的空间，它包括了物质形成的物理空间、眼睛看到的图像的虚拟的视觉空间，以及这两种空间在人的大脑中的综合体现的一种信息共享的空间，这种信息共享的综合空间所形成的空间是往往会包含多种信息，形成景观空间的多义性。景观空间需要研究自然空间，如植物、地形、水等，也要研究人造空间，如雕塑、铺地、喷泉等，这些都是自然空间。同时还要研究人造空间如建筑构造物之间因为形状、组合、体积之间的空间关系，以及建筑构造物与自然景观之间的形状、色彩、质感等形成的关系在人的大脑中的综合印象，即信息空间。

界面是相对于空间而言的，是指限定某一空间或领域的面状要素。界面是物质特性的，即它是某种单独的一个面；同时界面作为一个面，它与其他的界面共同形成一种关系，密不可分，这样便形成了不同的空间的区别和特质，因此表现为特定的场所精神，激发出人们不同的空间感受。

界面是空间形成的载体。空间的塑造由底界面(底)、竖界面(墙)和顶界面(顶)3个部分组成。

1．底界面

底界面与用地安排关系密切。底界面经常是地球的自然表面，是各种生物的生息之地，主要有硬质的矿物山石，柔软的水体、植被等。底界面可以是：①泥土、沙石、石块、水体；②草坪、地表、植被、木板；③混凝土、沥青铺地、砖石铺地、陶瓷铺地等。底界面具有功能暗示和游览引导作用。底界面材料软硬具有功能性、防滑性、耐久性、经济性、吸热性、排水性和方便维护的作用。底界面的材料、图案、色彩等不同，暗示着不同的使用功能、空间用途，因此底界面是界定用途的平面。

2．竖界面

利用砌石墙体、分支点较低的树丛、建筑物的外墙、景墙、水幕、水帘等可以有效地界定室外空间的竖界面。场地空间的容积是由垂直围合的程度决定的。一切好的场地设计都意味着垂直面和顶面的组织会产生最佳的围合和最优的展示。竖界面也是人们生活的主要观赏面，包括建筑、构筑物、设施、植物等，其高度、比例、尺度和围合程度的不同决定了不同的景观形态。室外空间中，竖界面不如建筑墙体能够明确确定空间的轮廓、形状和空间大小范围，但仍然是景观中划分空间的重要手法和形式。从构筑物、树木、植物等作为竖界面来看，竖界面具有“多孔”、不确定性与非连续性的特点。树木、灯柱等常作为景观空间的竖界面而存在。

3．顶界面

顶界面从存在形式上看，第一种是严格意义上的顶界面，由于在室外空间，人在树下，广大的树冠就成了顶界面。其他的如开阔无垠的天空，形式各异的顶棚、廊道、廊架等容易形成一种顶部遮盖的感觉；第二种是虚拟的顶界面，如有建筑物围合形成的“场”效应，山体地形的围合、树林形成围合所形成的封闭性的“场”效应。

顶界面、底界面和竖界面之间的关系如图1.34所示。

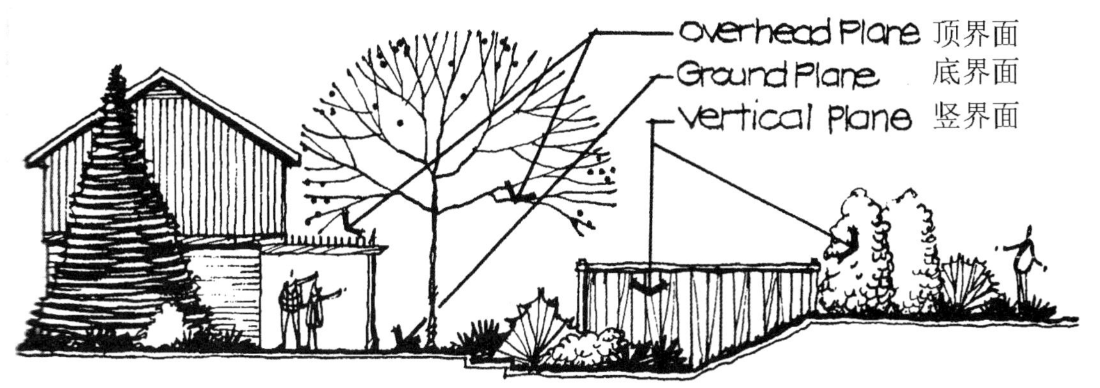

图1.34 顶界面、底界面和竖界面关系图

1.4.2 空间的种类与特性

1. 空间的虚与实

空间的虚就是无，空间的实就是有。空间围合使用的柱体、墙面、廊架等是实在的实体，虚的部分是柱体、墙面、廊架等实体所围合形成的空间。实体与虚空间很难绝对地分开，两者相互依存，没有实体很难有虚空间的存在。实体产生视觉上的形状、装饰风格和精神需求，实体的围合产生虚的空间，也正是使用者在使用中的需求。建筑、景观常常是虚实相生，实中有虚，虚中有实。

2. 空间的围与合

空间的开与合，取决于空间的竖向要素的高度、密实度和连续性。竖向要素是空间中的屏障、挡板、墙和背景，称为“分隔者”，包括建筑、墙体、山石、植物等。景观空间的开与合，还跟平面的围合程度相关。平面的建筑围合与建筑空间的边角相关，当边角封闭性程度高时，围合度就强了当边角敞开时，封闭性就弱。空间围合程度与平面空间比例相关的情形为：全封闭空间(中心空间)、半封闭空间(定向开敞空间)、临界围合(开敞空间)、无围合(完全开敞空间)四种类型。空间的围合程度不仅与平面有关，也与立面竖向高度有关，同时与视距等相互之间的比例也有关系。根据空间围合程度的不同，可以将景观空间分为：封闭、半开敞和开敞空间，如图1.35所示。

(a)开敞空间/低矮的灌木和地被植物形成的开敞空间

(b)半开敞空间/半开敞空间视线朝向开敞面

(c)封闭空间/处于地面和树冠下的覆盖空间

图1.35 植物营造空间分类

3．空间围合程度与空间三维之间的关系

空间的围合程度表现在平面上的封闭性、建筑物的高度、视距的远近三者之间的关系，中心是人对于这三者的综合体验。

(1) 空间围合程度与建筑高度、间距之间的关系：当建筑物高度不高，人的高度相比不太悬殊，建筑物的间距不远时，空间的感知是亲切的、亲近的和宜人的；当建筑物高度较高，人的高度相对矮小，建筑物的间距较远时，空间的感知是众多的、公共的、交流的空间；当建筑物很高，人的高度相差很小，建筑物很近时，这样围合的空间是逼人的、压抑的、喘不过气来；当建筑物很高或较高时，人的高度相差较小，建筑物之间的间距较大，围合起来，远处景观视野可见，空间的感知是广大的、广漠的、渺小的。

(2) 空间围合程度与视距、垂直仰角之间的关系：当视距较近、垂直仰角较低如18°时，观察者能够看清实体和周围背景的整体；当视觉较远、垂直仰角很低时如14°时，观察者能够看清实体或建筑物的轮廓；当视距较近时，垂直仰角较大如45°时，观察者能够看清实体或建筑物的细部；当视距很近时，垂直仰角较小如27°时，观察者能够看清实体的整体，如图1.36所示。

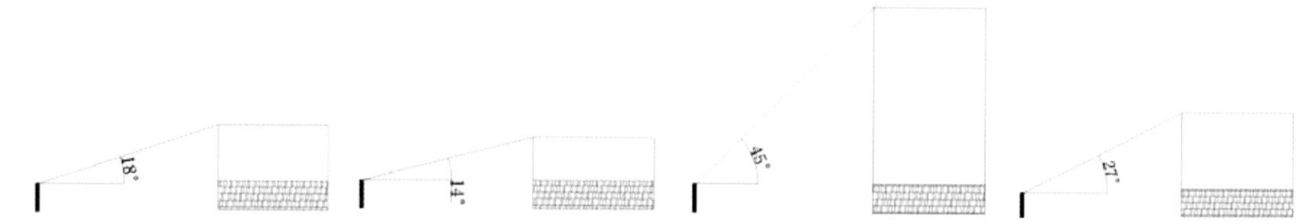

图1.36　人眼不同角度观看到的景观景象

(3) 空间围合程度与围合的形式之间的关系：当建筑物分布有空隙时，观察者就能看到外面的视线；当建筑物分布无空隙或建筑物边界重叠较多时，封闭性加强；当建筑物呈一字形排列或者相互分散得很开时，是不能形成封闭或围合的空间形式的；当建筑物围合分布有空隙时，就用其他景观要素如植物、山坡、构筑物等来弥补，形成新的视线景观；非常整齐的直线形的建筑物围合空间，容易形成中心空间，但易造成毫无生趣之感；当建筑物分布围合时，扩大建筑物长边相对的空间，形成主要的大空间，利用统一整体，形成中心空间和视线焦点。

4．空间的质感、肌理

空间的肌理有硬质和柔软的区别，在植物里面，落叶、阔叶树由于叶大疏松，显得粗糙，如乌桕、重阳木、法国梧桐；常绿树由于结构致密显得细腻，如法国冬青、广玉兰、乐昌含笑等；通常叶片越小，越致密的植物质感越细腻，如枸骨、龟甲冬青、铺地柏、绒柏等。

在硬质方面，木材不同于石材。不同的材料由于加工不同，质感也不同，粗糙的地面表现为质朴、自然和粗犷的气息，尺度感大；细腻的光亮的地面则表现为精致、华美、高贵的特点，尺度感也小。

外部空间中的质感处理颇有艺术性，人行的踏步、挡土墙可以粗糙，而人们就坐、凭倚的座椅面、栏杆、扶手等部位需要光洁细腻，便于人的肌肤亲近。

5．景观空间的色彩

景观空间的色彩，不仅是一种造型手法，还能营造一定的氛围，影响人的情趣。由于地域、文化和风俗等的色彩约定，色彩成为外部空间中重要的造型因素。在景观环境中，色彩来源于自然材料，保持了原有的自然属性，景观设计利用自然材料的组合，形成符合目的性要求的色彩秩序。

不同的环境因其功能和空间特征的差异和要求不同，其环境空间的色彩基调也不尽相同。在医院需要营造一种素雅、清净、平静和安宁的氛围，在整体上，医院倾向于浅色为基调。在学校，需要营造明快的暖色基调，红色、黄色、白色等色彩的巨大的运动场看台，绿色的树木环绕，刷黑的柏油路面等形成一种鲜艳、运动和活力的印象和感觉，同时色彩之间既产生对比，也产生和谐，色彩的不同，又各自形成不同的空间。在纪念性的场所，则以冷色为基调，营造肃穆之感，如陵园大量的绿色松柏种植设计。在休闲娱乐场所，以彩色为基调，从而创造一种轻松、愉快的氛围。

景观空间有色彩功能不仅在于环境的基本功能，还必须考虑到建筑的色彩。景观空间的色彩与建筑色彩的相互配合，有利于形成和强化空间的秩序和特征。

景观空间有季相变化。景观空间具有可变性，来自于景观材料自身的变化和时间的变化。景观空间中大量的植物设计，表现为景观形成初期、成型期和晚期，因而景观空间的活力和生命力一直处于变化之中。植物的“一岁一枯荣”是自然规律，是景观的一种表情。即使是绿叶，也会有颜色的深浅变化，在不同的季节里，同种树叶如水杉的树叶，在春、仲夏、深秋和隆冬时节，也会有嫩绿、翠绿、锈红到深褐的变化。而不同树种的搭配和季相变化，则令人产生丰富的景观色彩审美体验。

西方的景观空间意识是以“空间型”为特征的，重视空间形态构成和空间因素。在中国，景观空间受到中国文化的影响，表现为“时间型”的空间，在中国院落式的景观设计中表现为植物空间的连续性和时间上的整体性。在中国古典园林中，令院落式的建筑空间产生生机和活力的主导因素是园林植物，因此以植物不同的观赏特征作为庭院空间的设计主题成为中国古典园林的传统方法。因此出现“梅园”、“枇杷园”、“海棠春坞”、“听雨轩(芭蕉)”、“远香堂(荷花)”、“荷风四面亭(荷花)”、“听松风处(松树)”等，以植物聚落形成一簇的植物种植设计和观景特色与建筑特色就不足为怪了。

在植物季相景观的组织中，根据园林的主题对不同的季节应有不同的对应与侧重。在植物的生命周期里，尊重枝干、树冠、叶片对园林植物空间的围合感、密闭度、尺度、形态的影响规律，既考虑到单位面积内绿地的数量，令生态效益最大化，同时，兼顾绿化量与植物生长变化及习性。这样能达到设计师设计的初衷，形成形式功能适宜、空间丰富、环境优美的园林景观环境，并最大限度地发挥场地的生态效益。

6．景观空间的铺装

1) 铺装材料的功能和特点

铺装材料指任何硬质的自然或人工的铺地材料。硬质铺装材料主要包括沙石、砖、瓷砖、条石、水泥、沥青等，以及在某些场合中使用的木材。铺装材料是一种硬质的、无韧性的表层材料，具有持久性的特点，还能够利用铺装材料的拼接形成各种造型和图案。但是硬质铺装材料表面所吸收的热量比植物表面大得多，因而常常产生灼热的光线。硬质铺装材料具有不渗透性，当降水时，容易形成径流，冲刷路面、侵蚀地表，产生洪涝灾害。大量使用硬质铺装材料，令室外环境枯燥而缺乏生趣。

地面覆盖材料主要是水、植被层如草坪、多年生草本植物或低矮灌木等。它们在地面上或者说景观设计中的使用，能够产生有情趣的设计效果。但是维护费用较高，不仅需要修剪、浇水，还需要施肥。地面覆盖植被、水等在太阳的照射下，散发的热量比硬质铺装少，产生的温度往往比硬质铺装表面低3℃左右。在降水的情况下，不易形成股流和大量的雨水汇集冲刷侵蚀地表的情形。

硬质铺装材料在任何情况下如春夏秋冬、雨雪天气，都能够经受车辆轮胎的碾压，而草坪泥土表面在雨水浸泡之后，容易形成沼泽。铺装材料在夏季能够阻挡尘土和侵蚀，铺装材料不需要过多的维护和修剪。

2) 铺装材料的构图作用

(1) 导游作用：由于铺装材料有别于自然材料，可以通过引导视线，将行人和车辆引导到铺装路线上来，从而引导人们从一个景点转移到另一个景点。在人们容易走捷径的地段，曲曲折折的铺装路线不能发挥引导作用。在城市环境中，各个空间的连接和引导都是利用各种硬质铺装道路作为线索，形成一个又一个连续的空间序列。

(2) 铺装线型情感作用：一条平滑弯曲如流水般的小道，给人一种轻松悠闲的田园般的感受；一条直角转折的小道，走起来感到的是既轻松又拘谨；不规则多角度的转折路，则产生不稳定感和紧张感。

(3) 铺装材料的速度和节奏：铺装路面越宽，运动速度就会越慢，停留的机会多；铺装路面越窄，运动速度加快，停留机会少，感觉拥挤。在铺装粗糙的路面上，行走不便，速度减慢；在狭窄光滑的铺装表面，停留不便，快速通过。为了控制游览路径的速度和节奏，可以通过路面的宽窄、铺装表面的粗糙与光滑，铺装条石等之间的间距大小来调整，也可以通过斜坡、台阶、平台等进行引导控制。

(4) 场所作用：当铺装的形状不具备方向性且面积较大时，便具有了停留的感觉，就是提供场所休息的作用。当铺装的材料，尤其是材质上的图案有明显的方向感，比如直线型的图案就具有一定的动感和指向作用。

(5) 功能作用暗示：实践证明，如果用途有所变化，则不同地面的铺装应在设计上有所变化。也就是用途或活动不变，铺装材料就应该保持原样不变。斑马线的条纹铺装图案，能够提醒道路的用途。不同材质的铺装，如粗糙的和光滑的或相对光滑的材料铺装用以分别提醒行人、汽车驾驶员分清道路用途和降低速度。

(6) 铺装的视觉美化作用：铺装在城市环境中，联系着自然和建筑，具有协调作用，大面积的铺装或者线条的勾勒具有统一的作用。由于铺装作为地表、广场地面、路面分布在建筑物和自然之间，作为景观小品如花盆、雕塑、构筑物、陈列物、休息椅、亭、廊等的支撑物，成为背景，因而具有背景作用。另外，由于行人走在铺装的道路、广场上，眼睛自然看到地面铺装，于是铺装的图案、色彩、材质等会在人的大脑中形成美的心理感受，产生美感，产生节奏感，产生浓烈的地域色彩和强烈的场所特色。

3) 铺装设计的原则

在景观中使用铺装材料进行铺设时，应该遵循如下的设计原则。

(1) 在选择铺装材料的使用方面，必须权衡总体设计的目的，有选择地加以使用；在选择特定设计区域的铺装材料时，应以确保整个设计统一为原则，材料过多或图案复杂琐碎，容易造成杂乱无章的感觉。做到统一的方法是在选择某种占主导地位的铺装材料时，让它贯穿在整个设计的不同区域，形成统一性和多样性。

(2) 在平面布局上，铺装设计形式要吸引视线，并与其他要素如建筑的平面形式和立面形式、构筑物、照明设施、种植池、雨水口、树墙和座椅相互协调。

(3) 为特殊空间选择的铺装形式要适应预想的用途，适合一定的强度，符合一定的空间特性。材料的选择取决于造价，同时，任何材料都不可能适合所有的功能空间。混凝土、沥青铺装让行走更轻松；鹅卵石、碎石等粗糙地面可能更加适合于休闲、健身锻炼或不需要快速通过的路段。步行适于在各种铺装甚至泥土上行走，只是速度快慢的问题，但经受车辆等行驶的路段需要铺装能够承受一定压力的材料，需要提供平整来保证速度等，此种情况下，铺装材料可以是混凝土、条石、瓷砖等。混凝土是最容易成型、最好使用的材料。

(4) 铺装材料具有视觉上的特征和功能场合上的象征作用。铺装材料因为材质感觉、颜色等不同，在某些地面上，因为铺装不同，可能会产生庄重感，适合于公共场所；在某些地面上，某些铺装材料会产生私密感或者温馨感，这种材料就适合在住宅区使用。可见，不同的空间场合，选择铺装材料需要慎重考虑。铺装功能上的指示是不同的，同一平面或者同一高度，代表的意义可能是相同的，如果铺装材料不同以及形式图案不同，给人的心理暗示则因所代表的场所和环境不同。通常同样高度的铺装材料，当地面高度变化时，铺装材料就可以产生变化。当两种材料形式不同、并列在一起时，即使地面高度相同或者在一个斜坡面上，没有中间铺装的过渡，也会产生生硬、不协调的心理感受。

(5) 铺装材料和形式的选择。光滑质地的材料铺装，因为色彩比较朴素，不引人注目。因此使用时不会影响或有损于其他设计因素，因此光滑质地铺装尽量大面积使用。粗质材质由于视觉效果上的刺激性，容易形成对于其他设计因素的干扰源，因此尽量少用，便于达到主次分明和富于变化的目的。

1.4.3 景观空间视线与景观节点设计

1．景观视线距离

户外空间的尺度和距离，因为人的交往不同、需求不同，产生不同的距离和景观设计的要求。

(1) 亲密距离：0～0.45m是一种能够表达温柔、舒适、爱抚以及激愤等强烈感情的距离。在这个距离内，所有细节将一览无余。室外的座椅、长椅、条石、台阶、路牙等都可以作为亲密距离的道具。

(2) 个人距离：0.45～1.3m是亲近朋友或家庭成员之间谈话的距离，例如，家庭餐桌上人与人之间的距离，或者室外、座椅组合的距离等。

(3) 社会距离：1.3～3.75m是朋友、熟人、邻居、同事等之间日常交流的距离。咖啡桌与扶手椅的组合就是这种空间距离的一种体现。长廊中对面设置的美人靠座椅组合或者长椅组合等都是这一类型。

(4) 公共距离：大于3.75m的距离是用来进行单项交流的集会、演讲，或者人们只愿旁观而无意参加的一些较为拘谨的场合的距离。

由于人们视线清晰程度等因素的影响会产生如下几种类型的公共距离。

在大约30m的距离，人的面部特征、发型和年纪等能够看清楚，不常见面的人也能认出来，这个距离有识别性。在20～25m的范围内，大多数人能够看清别人的表情，在这种情况下，见面令人兴奋并有意义。此时，剧场舞台到最远的观众席的最大距离只能在30～35m。

在70～100m远的距离，大部分人能够确认一个人的性别、大概的年龄以及这个人在干什么，可以看见和分辨出人群。足球场最远的坐席到球场中心的距离通常设计为70m，否则观众无法看清比赛。再远，就需要借助大型液晶显示器或望远镜来观看了。

在500～1000m距离的范围内，人们能看清和分辨人群，只能借助灯光、背景、光照以及人的移动与否来判断。

在大约100m距离处，可以看清楚具体的个人，这个距离被称之为社会距离。假定在一个人不多的海滩上，人与人之间保持的自然距离将会按照或者接近100m分布。这个距离彼此之间可以看清对方的人，但不能看清看对方在干什么。

日本学者建筑师芦原义信认为，外部空间可以采用8～10倍于内部空间的尺度，也就是1:10理论。室内空间距离在2.7m内是一个宁静、小巧、亲密的空间，这就为座椅、桌子等的空间提供了条件。如果要创造一个舒适亲密的外部空间就要放大到8～10倍，也就是21.6～27m的距离，这个距离可以看清楚对方的脸。这为外部空间景观设计提供了一个参照，在此基础上，芦原义信还提出外部空间的模数理论，以20～25m为模数，每间隔20～25m，或利用铺装材质的变化，或利用周围景观地形地面高差的变化，产生节奏感和变化感，打破景观的单调，产生重复、变化和节奏。这种变化既是空间上的变化，也是视线上的变化。

由于视觉不同和心理感受的不同，景观的处理手法会有很大差别。在快速通过的场地，如高速公路、快速路等，由于经过时间短暂，来不及看清楚细节，于是周围的景观建筑往往采用大尺度大比例，形成整体感；在生态保护优先的场地设计中，空间尺度重点以生态保护为主，以满足生态保护方面的需求。由于视线距离和视觉感受的不同，以及场地设计的具体要求不同，景观设计需要因地制宜，多加观察，不可生搬硬套。

景观视线是人的视觉审美感受，景观构图中，无论是在平面还是空间透视效果中，比例分配完全居中或者按照功能和工程施工的要求分配都未必好看，不能很好地满足视觉审美的需求。平面布局通常遵循三分之一定律。除非功能上要求取得庄重严肃的效果，就采用均分、对称而严整的平面构图。

外部空间设计中，确定了主要景观元素的位置与高度就是一个比例关系问题。19世纪德国建筑师梅尔坦斯用实验方法证明：观察任何建筑物细部的最佳视角为45°；既能观察到对象的整体，又能观察到细部的效果时，视角为27°；能看清整个外部背景环境，却看不清细部的视角为18°。这三种视角分别对应着观赏对象高度1、2、3倍的观赏距离。当观赏距离是对象高度的10倍时，即视角为5°43″时，是有效感受对象整体形象的最低视角。那么这四个角度和视距分别对应着景观空间中肉眼能够有效观赏的近景、中近景、中远景和远景。这一研究为景观设计提供了重要参考。在纪念性景园设计中，重要的建筑、雕塑等的位置、高度、观赏点和拍摄的距离或位置，往往设置在距离这些重要建筑、雕塑高度2～3倍的位置。如果从大门入口到建筑物的距离为30m，要想在大门入口处获得观赏建筑物的最佳效果，建筑物的高度在10m左右为宜。

2. 景观节点设计

景观设计的节点就是城市观察者能够进入的具有战略意义的点，是人们往来行程的集中焦点。首先是道路交通线路上的连接点，如休息的亭台；同时，又是一种结构向另一种结构的转换处，可能是简单的聚集点，如城市广场；或者是某些功能与物质特性浓缩后显得非常重要，比如街角的集散地或围合的广场；某些节点由于集结、辐射形成区域的象征，成为核心。

表现在场地空间分析中，交通流线、空间轴线的连接处、转折处、汇聚处、视觉聚焦处等都能形成景观的节点，这些节点设计在景观场景中，就是亭(停留或休息处)、观景台(休闲处)、某种商业性的小卖点(人的聚集处)，或者就是大一些的场地，如广场、栈台等(娱乐、休息、聊天、休闲)，它们具有歇息、休息、观望、瞭望等功能，是交通流线、功能轴线上的一个个转折点、休息处、观赏台。

景观空间的交通、视线或轴线上的景观节点构图形式如图1.37所示。

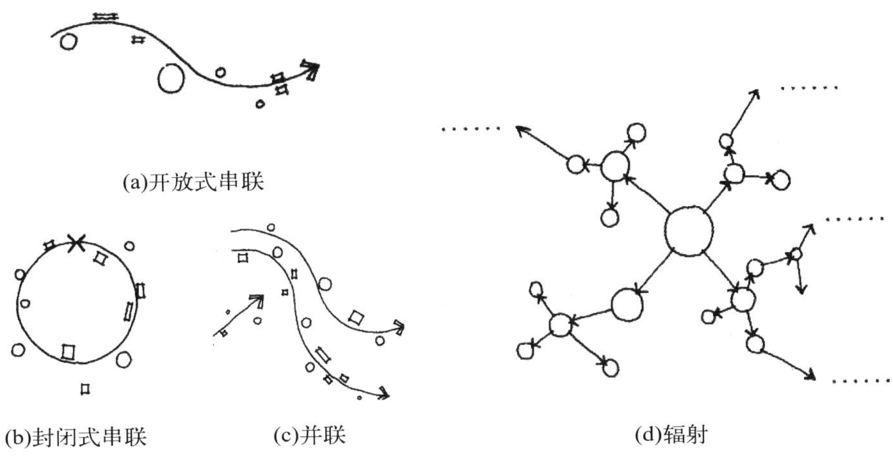

图1.37　景观空间的交通、视线或轴线上的景观节点构图形式

1.4.4　空间的秩序轴线

1. 景观空间组织

景观空间的组织主要表现在感官体验、地理地形变化、历史文脉、地域文化、生态优先和政治经济发展等各个方面。在感官体验上有重要的考虑，因为景观设计遵从的原则是为人服务，以人为本。

感官体验在视觉因素上考虑的是比例、节奏、韵律、体量等形式规律；在听觉上，注重对声音环境的利用和塑造，在中国古典园林中表现得非常突出，如同视觉景观中一样，“俗则蔽之，嘉则收之”，常用墙、树林、竹林、水帘瀑布来屏蔽、遮蔽、冲淡噪声。在感官体验中，植物花香等的味觉利用与声音同时形成优雅环境，如鸟语花香等就表明环境的优美可亲。感官体验中，触觉能够感知冷热、软硬、形状、疏密等属性，触觉功能能够结合声音、视觉等形成综合的感觉，如粗糙、细腻等不同感觉，在景观设计中具有指示作用，对引领、区别空间同样重要。如凸凹棱条的盲道、木栈道、砾石、草地。在空间设计上，近年出现了观光农业景观，通过参观、劳动、体验、品尝等形成一种缓解身心，陶冶情操的景观活动，如观光农业中的采摘蔬菜瓜果等。动觉也是一种感官体验，如荡秋千、坐摇马和木马等活动体验动觉的感觉，同时是场地景观器材小品空间在功能上的体现。

感官体验通过视觉、听觉、味觉、触觉和动觉等形式来引导景观空间的设计，并渗透到各个景观空间的器材设施当中去。

2．景观空间序列

空间有有序和无序两种形式。长期以来，有序被格外重视，人们渴望认识自然和世界的规律，控制和改造世界，需要通过掌握有序来放大人们的控制能力。科学研究发现，纯粹的无序和有序是不存在的，以往被认为无序的东西也包含着有序的因素，严格有序的事物里也存在着无序的因素，两者之间相互依赖，随发展、变化而相互转化。中国古代朴素唯物主义运用五行说来描述自然界物态变化的规律，如春(木)—夏(火、土)—秋(金)—冬(水)，表明一年四季的变化，金、木、水、火、土，五行相生，四季更替，生生不息。如图1.38通过“Z”字形地形杂乱地倾斜分布于方形构图中，表现为一种无序状态，而其中的足球场、平行排列的水平道路，则表现为一种规则和突出的效果，体现一种有序感。有序和无序曾被认为是现实世界中对立的两极。有序表达一种稳定的存在，常以重复性表现出来。如时间上的重复、白昼的交替、空间上的对称性。无序则表达一种不稳定性、随机性，在时间上表现为一种随机的变化和空间的杂乱堆砌、凌乱不堪，主体形象和空间不突出。

图1.38 “Z”字形地形起伏变化的构图

景观设计中无序和有序不可避免地纠缠在一起。简单的空间序列容易统一空间，形成规律和秩序。然而，显示的景观场景往往是多种因子叠加的产物，表现为地形、植被、水体、人为景观构筑物等所形成的，包括空间、功能、生态、形式等多重秩序，将上述因子笼统地整合在一起，不可能完全抹杀各自因子的个性和特点。因此，需要根据整体的结构来进行调整，使之形成一个系统，处理好整体与局部的关系。其中，整体是决定性的，整体制约着局部的发展方向，通过构建整体，将各空间因子有机整合，令景观设计成为空间秩序的主导序列。可见，景观设计需要抓住和建构整体，形成有效的系统，营造有机的景观元素。

3．景观空间序列构成

空间序列分为“启”、“承”、“开”、“合”4个部分，而实际上4个部分彼此包含，相辅相成。中国的传统空间常常先有前导，又称发端，通过一段灰空间进行过渡，转入主空间，形成豁然开朗的感觉。其中的变化比较丰富。过渡是一种经过性的空间，随着空间的收敛、光线的明暗、视线的转折等，空间的形式不断地变化，形成引人入胜的、开阔的空间视觉效果。高潮是空间序列中的高峰，人们经由空间的引导如大门、大树、塔、桥等的引导吸引，然后经过一段过渡性的空间引导，如狭窄的院墙、逼仄的山路、林道或者强烈遮挡物周围的径道，之后所见的空间豁然开朗。起伏就是经过了高潮的空间之后，空间的吸引有一个下降或重叠重复的过程，这个经由的空间就是起伏，起伏中也会有引人入胜的空间。空间结尾的处理，能给人以丰富的回忆和美好的记忆，这个可以是通过出口或回路的各处景观节点的处理，使之不同寻常，耐人寻味。先导－过渡－高潮－起伏－尾声等几个过程的景观空间的变化，就是景观空间的序列。

图1.39～图1.41是扬州何园的空间序列布置。

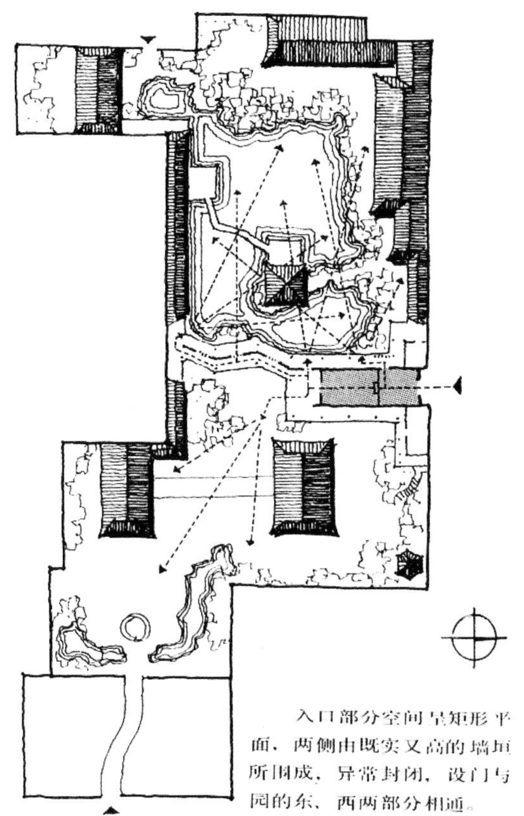

图1.39　扬州何园平面，入口狭小，小院围合

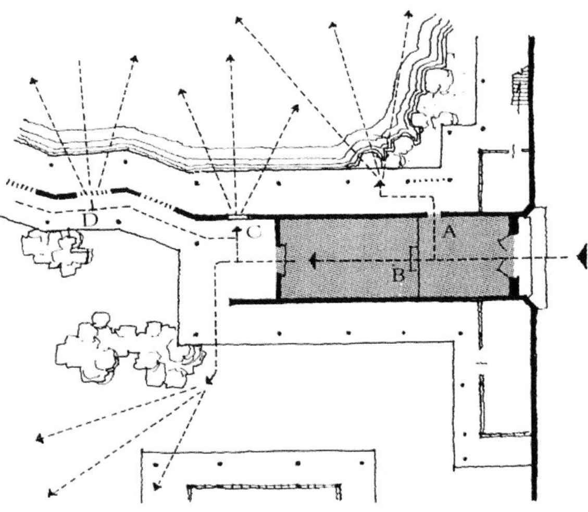

图1.40　入口小院部分放大图示

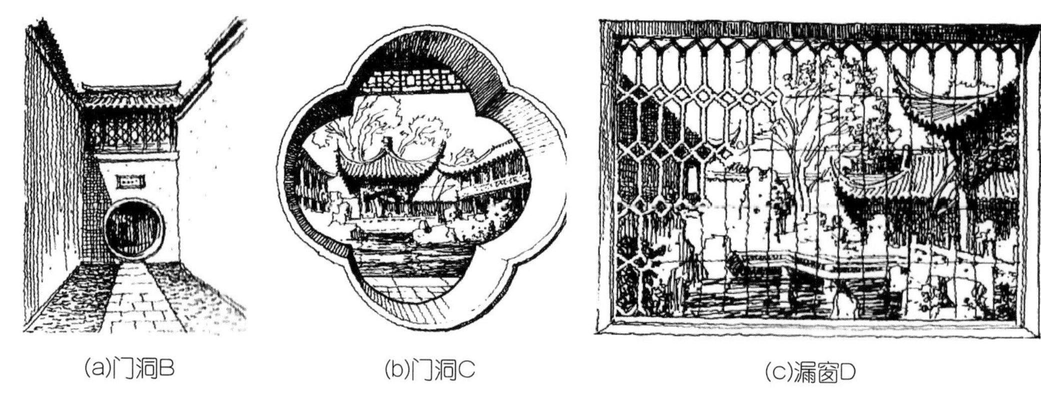

(a)门洞B　(b)门洞C　(c)漏窗D

图1.41　从人口小院依次通过B、C、D门洞、园洞漏窗所见的各个分景观

4．景观空间轴线

空间限定物的特征会引起人们心理空间上的轴向感。空间的轴线从形式上来看有对称与不对称两种形式；从视觉上看有视觉轴线或心理轴线；从空间的组织上讲有逻辑轴线；从景观空间布局的形式上看，有自然式、规则式和混合式几种轴线的形式。这几种分类的形式具有兼容性的特点。现在用下面几种形式对景观空间轴线进行解释和理解。

对称轴线是在景观平面的中央设一条轴线，各种景观环境要素以中轴线为准，对称排列。临近或近轴线的空间在体量等形式上与之相对应。由于轴线的统领作用，景观各单元空间会获得一个整体大于各自空间体量的效果，重新获得新的整体形象。此种空间轴线形式适宜于纪念性、严肃性空间场景的设计。如美国林肯纪念堂、美国国家第二次世界大战纪念碑、华盛顿纪念碑与美国白宫，通过轴线布局，四点一线的方式体现美国诸事件在美国历史上的重要性。对称轴线的形式可以理解为规则式构图轴线形式的体现。

不对称轴线形式由于侧重于空间的非对称性，沿中央轴线两边分布着不同的景观或者体量大小不同的景观空间、形式等，从而形成一种富于变化、均衡的重心平衡对称关系，形成一种轻松、愉快、活泼，非严肃的特征。如澳大利亚悉尼市霍姆布什湾200周年纪念公园的水轴线景观就是非对称的布局。线性喷泉穿插在其中，庄重又不失活泼。不规则轴线由于有轴线的存在，尽管轴线两边分布着形状和形体不同的景观空间，仍然是近似的规则式构图轴线的形式。

对称轴线与不对称轴线布局如图1.42所示。

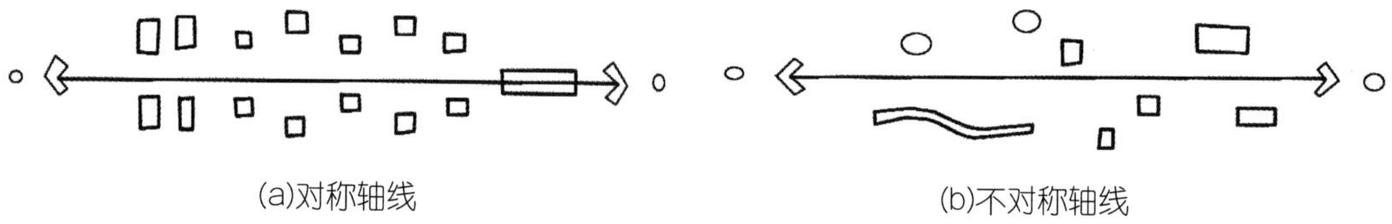

(a)对称轴线　(b)不对称轴线

图1.42　对称轴线与不对称轴线

视觉轴线也可以理解为自然式构图轴线的体现。对于这种空间轴线的形式而言，轴线是无形的，类似于传统园林中的对景，强调不同单元之间的对位关系，其中的轴

线、空间场所等的关系，是一种隐含的空间肌理关系。在整个的景观空间场景中，景观的节点、路径、景观元素等在构图形式上倾向于某个焦点的景观节点，形成主轴节点景观，连接着主轴的景观节点，可能还存在其他的轴线，形成次轴线，或者以主轴的景观节点为焦点，形成辐射式的布局，于是形成主轴和副轴等，主轴的景观节点成为焦点，成为向心性很强的场。整个景观得到了强调和升华，景观的意向和形象形成了重点与合力。这个轴线不是明显的路径，而是通过景观的焦点节点、场景中的路径和景观各元素之间相互形成的视觉引导，因此称为视觉轴线。

逻辑轴线具有明显的顺承关系，统摄外部空间的线索。在形式上没有明确的轴线和对位关系，但空间上具有隐形的关联性，因此产生了景观之间的连续性。逻辑轴线往往用于陈述性的空间设计中，表明时间、自然的规律和人物等。逻辑轴线举例如图1.43所示。

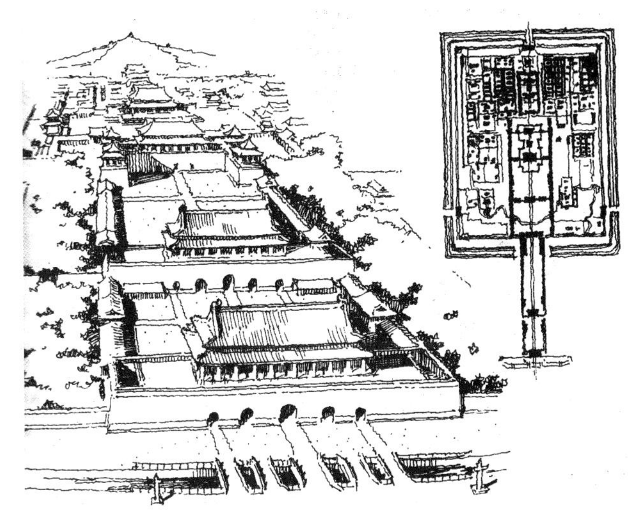

图1.43　北京故宫博物院——逻辑轴线

混合式景观空间轴线，这样的景观空间往往具有对称式的轴线布局形式，又具有自然式的轴线形式布局，表现在中国传统的皇家园林中。对称的布局表现为重要的建筑，变化自然的是景观元素的植物栽植形式、道路的曲折变幻、山池的自然堆砌和造型等体现出浓郁的自然情趣，又不失皇家园林的庄重和气派，如图1.44所示。

图1.44　安澜园全景，人口为对称轴线，里面大部分空间为自然式的混合式景观空间

单元训练和作业

1. 作业欣赏

请欣赏图1.45。

(a)湿地公园水景效果图

(b)湿地公园水景效果图

图1.45 某城市“绿·生活”主题的景观规划设计／余芳宇／章翔指导

2. 课题内容：景观设计的基础练习

结合本章节的知识点，通过对基地情况的分析，根据现有的土地面积和形状，设计和营造一个社区公园的景观规划设计。基地为居住区的一块用地，现进行改造，将建筑物进行拆除，改为居住区的绿地，供居住区内的居民及其居住区外的人群使用，基地面积2.7公顷，北侧为城市河道，东南侧面临城市道路，具体尺寸如图1.46所示。

课题时间：6小时。

教学方式：结合范例和植物种植设计、交通道路系统规划、景观节点的布置，空间轴线的安排等进行设计。

要点提示：重点进行平面设计，包含其中的绿地规划、硬地铺装、景观要素、轴线布局。

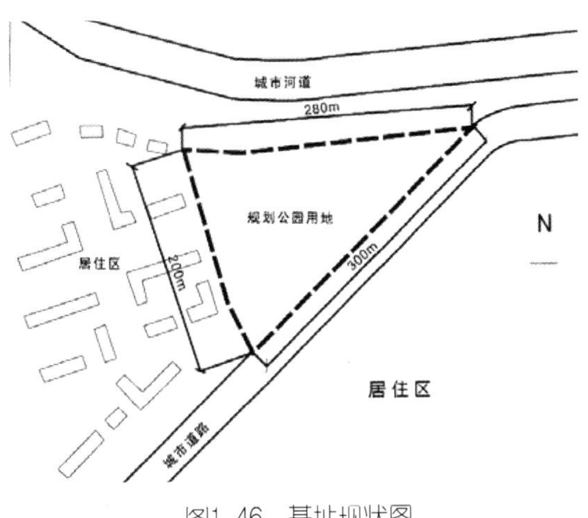

图1.46 基址现状图

教学要求：重点在于空间的分析，强调平面和立面的分析图示意。画出平面图一张，比例为1：600；剖立面图两幅，比例为1：600或1：300；主景区透视图一张，设计说明在150字以上。

训练目的：能够运用景观设计的要素和基本的规划分析，进行平面和立面的规划设计。

3. 其他作业

要求：根据提供的图形和基本的基地概况，画出多种功能分区草图、道路分析草图和平面规划草图。

4. 本章思考题

(1) 绿化种植设计对于景观设计有哪些美学功能？绿化种植设计的形式有几种？

(2) 景观设计中水体的形式有哪几种？试举例。水体在景观设计如何进行设计和安排？

(3) 不同的地形在景观空间中，对于人有哪些不同的视觉和心理的感受？如何在景观设计中充分利用地形进行设计？

(4) 景观设计中，如何恰当地运用景观节点进行景观的制控？试举例说明。

5. 相关知识链接

(1) 绿化种植设计。

参见：汤晓敏，王云．景观艺术学——景观要素与艺术原理[M]．上海：上海交通大学出版社，2009.

金煜．园林植物景观设计[M]．沈阳：辽宁科学技术出版社，2008.

(2) 景观制控。

参见：徐振，韩凌云．风景园林快题设计与表现[M]．沈阳：辽宁科学技术出版社，2009.

景观设计是一个较为完全的系统工程，包括了景观场景中的景观要素如绿化植物、水体、地形和景观各要素节点的综合空间控制。要熟练掌握这些要素的运用，需要各个击破地掌握各景观要素的存在形式和规律，并综合地运用在空间设计中。这需要不断学习和练习。

第2章 景观设计的基本表达

课前训练

训练内容：通过学习景观设计的基本表达方法，为以后的景观设计打下基础。根据学生的实际情况，结合教学实践，系统而具体地阐述了景观设计表达的绘图规范、步骤和表现手段。内容包括景观设计表达基础、景观设计平面表达、景观设计竖向表达和相关规范。

训练注意事项：注意图纸的尺寸和比例。

训练要求和目标

要求：学生需要掌握景观设计表达手法，熟悉景观平面、竖向和详图的表达，并能够熟练运用。

目标：对于不同的场地空间，掌握图纸形成原理并掌握基本表现手法，以适应设计的需要。

本章要点

(1) 投影的基本概念。

(2) 景观平面图的表达。

(3) 景观竖向图和详图的表达。

(4) 景观施工图的制图规范。

本章引言

景观设计的特点是既有规划平面的功能划分，又有建筑空间的组合构成，形成了景观学科自身多样化、灵活生动的特色。虽然景观设计在表现内容上与规划、建筑有很大差异，但在设计表现形式和方法上是一致的，都是严格按照国际通行标准、国家规范的制图识图要求，将平面图、立面图、剖面图、节点应用相关标注符号运用到设计图纸中。相关设计人员及行业技术人员在共同的识图规范前提下进行图纸识图、交流和实施，从而保证了设计师作品内涵的完整，并准确加以实现。

2.1 景观要素的平面图表达

本节将深入展开景观设计的基本表达方法，从平面、立面、剖面、节点的表现到透视效果的表达等，包括一系列专业技术手段与专业表现技能，使大家准确、规范地学到景观设计的基本表达方式。人们生活在一个三维空间里，一切形体都有长度、宽度和高度，如何才能在一张只有长度和宽度的纸上准确而全面地表达出形体的形状和大小呢？可以用投影的方法。

2.1.1 投影的基本概念

1. 投影的概念

当物体受到光线照射时，会在地面或墙壁上产生影子，人们根据这一现象，经过几何抽象创造了投影法，并用它来绘制工程图样。投影可以分为中心投影和平行投影。投射中心在有限的距离内，发出放射状的投射线，用这些投射线作出的投影称为该形体的中心投影，如图2.1(a)所示。当投射中心移至无限远时，投射线将依一定的投射方向平行地投射下来，称为平行投影，如图2.1(b)所示。平行投影又分为斜投影和正投影，图2.2展示的就是投影的分类。空间直线段对于一个投影面的位置有倾斜、平行、垂直3种。3种不同的位置具有不同的投影特性。

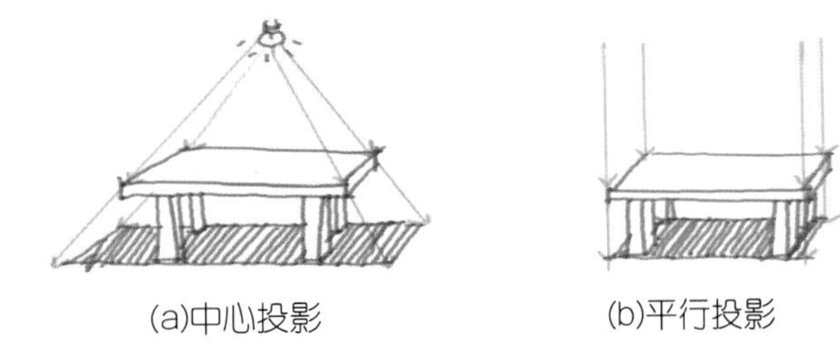

图2.1 投影的形成

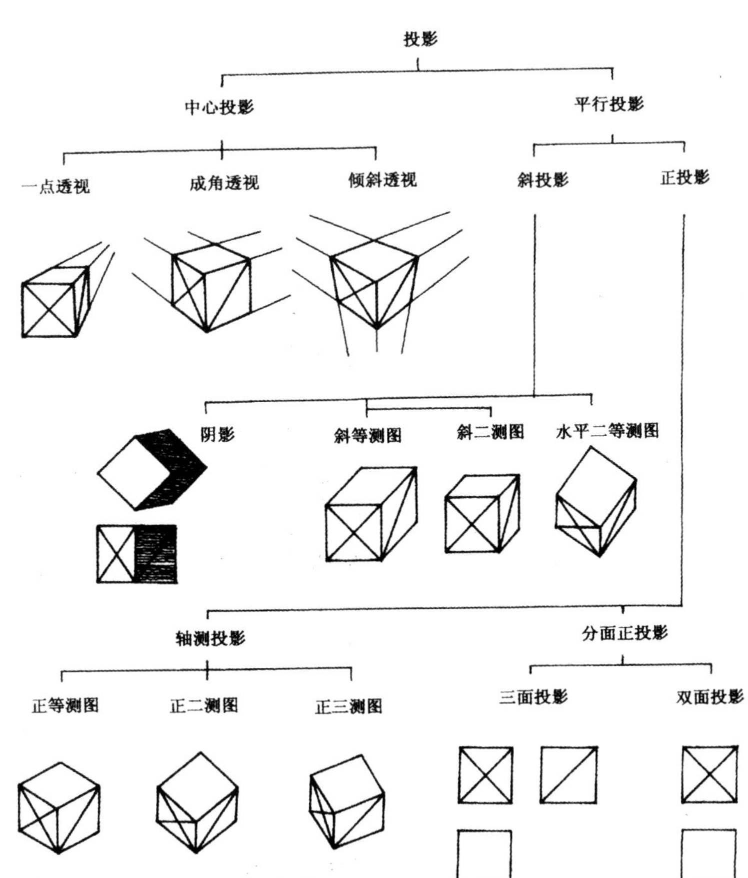

图2.2 投影的分类

2. 平行投影的特性

(1) 当面与投影面平行时，面的投影仍是面，其大小不变。

(2) 当面垂直与某一个投影面时，面的投影是线。

3. 投影的积聚与重合(以直线为例)

(1) 收缩性指的是当直线段AB倾斜于投影面时，如图2.3(a)所示，它在该投影面上的投影长度比空间AB线段短，这种性质称为收缩性。

(2) 真实性指的是当直线段AB平行于投影面时，它在该投影面上的投影与空间AB线段相等，这种性质称为真实性，如图2.3(b)所示。

(3) 积聚性指的是当直线段AB垂直于投影面时，它在该投影面上的投影重合于一点，这种性质称为积聚性，如图2.3(c)所示。

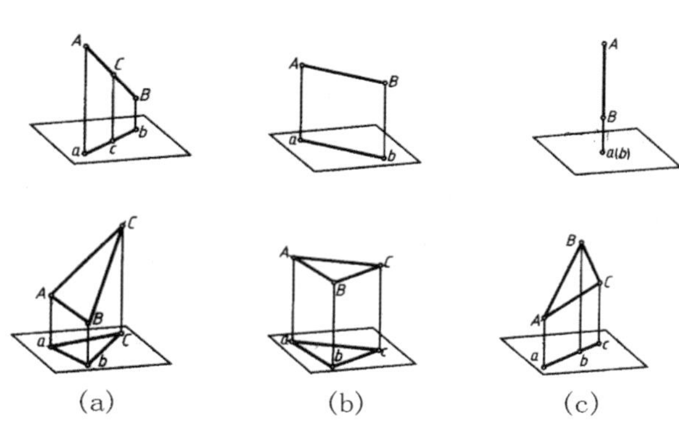

图2.3　平行投影的特性

景观的平面、竖向图采用的就是平行投影原理。假想无线远的光源由上往下投射在景观区域，得到了平面图；投射在竖向，得到了正立面图和侧立面图， 如图2.4所示。这样得到的图形能真实准确地反映实物的大小形体。平面图可以看作在园景上方投影所得的水平投影图，一般加绘投影反映主要物体的高度对比，加上地形的起伏，因而它也能综合表现景区高度变化。

图2.4　景观设计中的平面和立面的形成

2.1.2 景观平面图中各要素的表达

平面图是景观设计表达中最重要的图纸。将地面上各种地物的平面位置按一定比例尺、用规定的符号缩绘在图纸上，并注有代表性的高程点的图就叫做平面图。它反映整个景观设计的布局和结构以及各景观设计要素之间的关系。

园林设计上不同的图例代表不同的设计构成要素。植物通常用设计出的各种圆来表示，圆的直径代表植物成熟时能达到的冠幅。通常在圆心绘一个点或十字叉表现植物准确种植地点。园林设计平面图中其他的因素通常都用线来表现，通过不同质地表现地被覆盖、砾石、草坪灯表面材料。当一个人第一次看到一张平面图时，都会自然地通过看图面上的图例将铺砖的内院和石板铺的内院区分开来。使用不同的图例表达，可以使平面图更容易识读和理解，同时还能提供新鲜的对照。

树木平面的四种表达类型如图2.5所示。

乔木的平面画法如图2.6所示。

灌木和地被植物的平面画法如图2.7所示。

草坪的不同表达方法如图2.8所示。

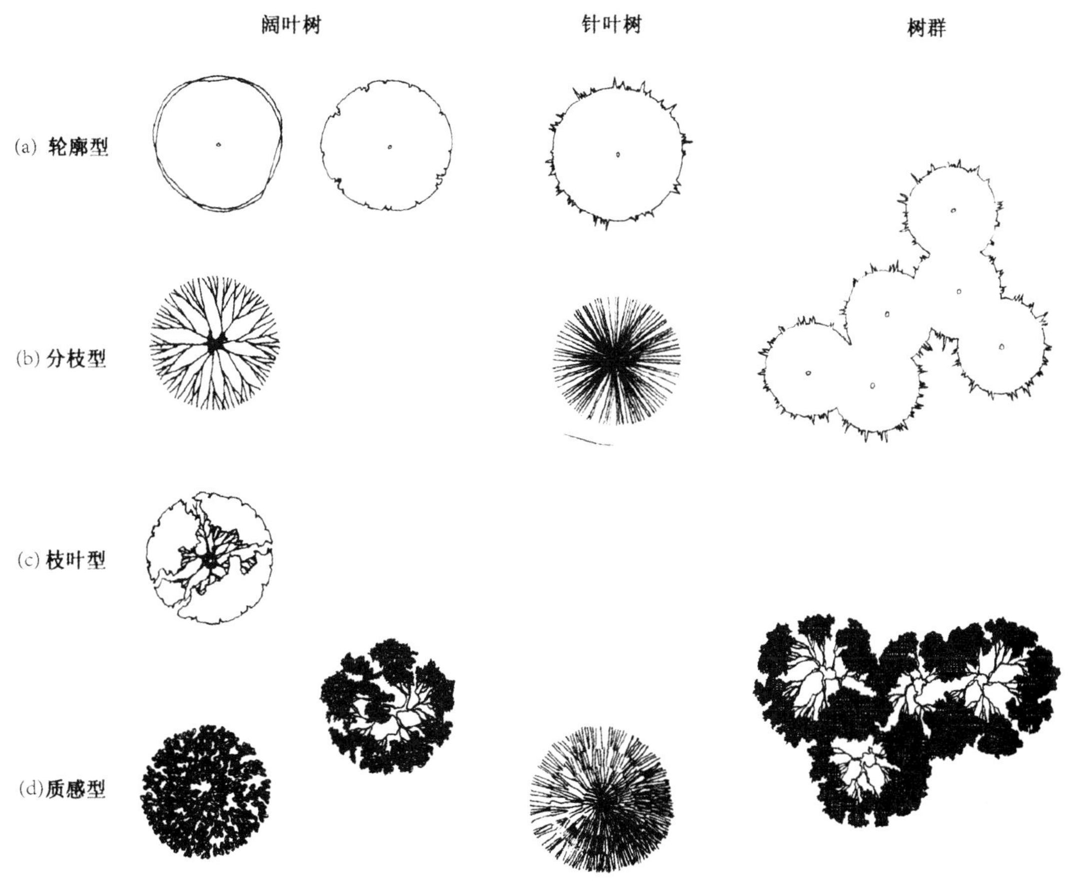

图2.5 树木平面的四种表达类型

图2.6　乔木的平面画法

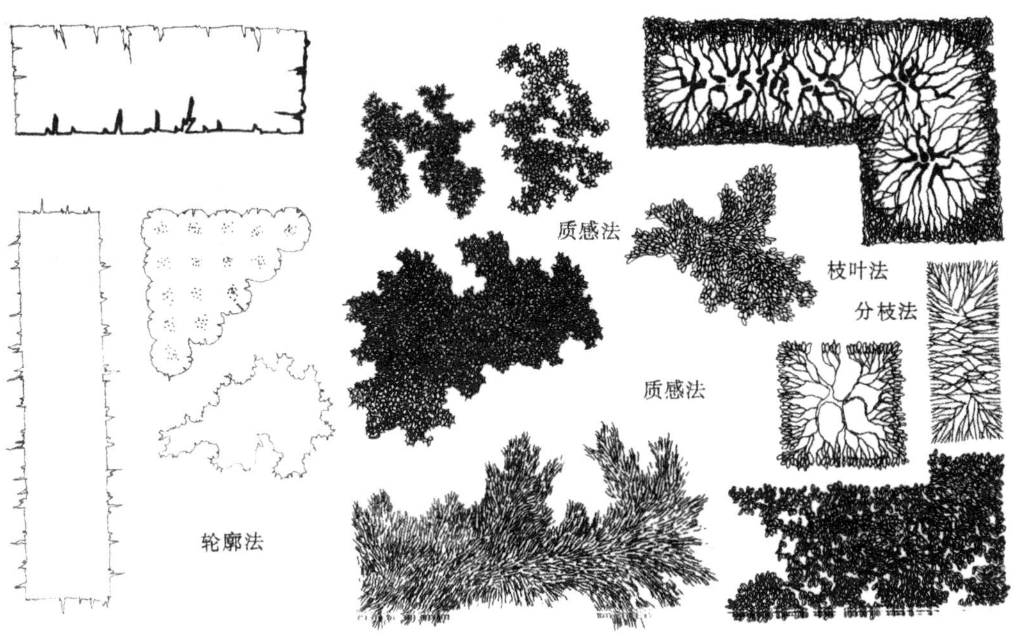

图2.7　灌木和地被植物的平面画法

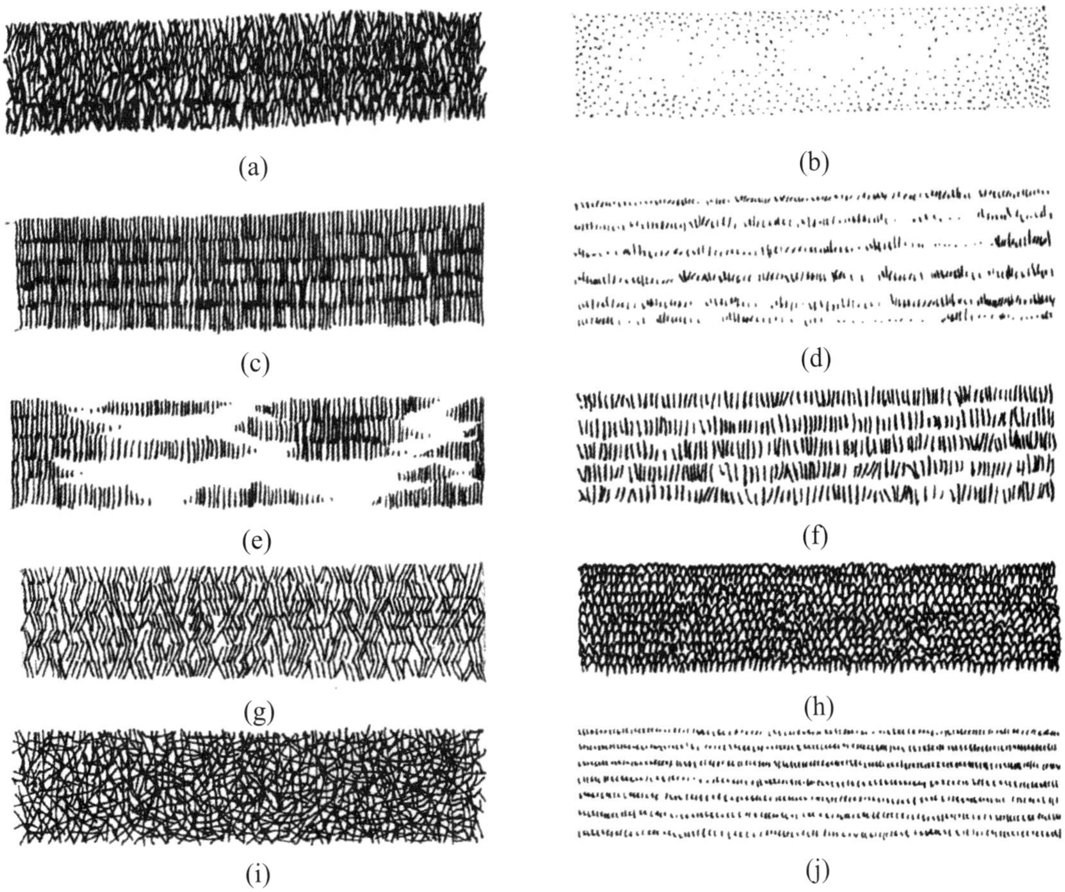

(a)　(b)

(c)　(d)

(e)　(f)

(g)　(h)

(i)　(j)

图2.8　草坪的不同表达方法

2.1.3 景观平面图的表达方式

景观平面图按一般规定的比例绘制，表示建筑物、构筑物的方位、间距以及道路网、绿化、竖向布置和基地临界情况等。图上有指北针，有的还有风玫瑰图。景观平面图表明所在基础有关范围内的总体布置，反映新建、拟建、原有和拆除的房屋、构筑物等的位置和朝向，室外场地、道路、绿化等的布置，地形、地貌、标高等以及原有环境的关系和邻界情况等。

从规划角度来说，景观设计的目的通常是提供一个舒适的环境，提高该区域的商业、文化和生态价值，因而在设计中应抓住其关键因素，提出基本思路。

在表达方式上，平面图主要有手绘表现、电脑绘制和综合表现3种方式。手绘平面图主要采用尺规绘制线稿，再用上色工具丰富画面的方式。其优点是表现效果生动，能充分表现设计意图；缺点是不利于后期修改，初学者对于比例和尺寸不易准确掌握。手绘表现是设计师的根本和基础。电脑绘制绘图速度快，表现方法多样化，利于修改和保存，已经是设计师必备的手段。但是该方法不利于前期构思及方案的创造。综合表现是一种将前面提到的两种方式结合的形式，兼顾两者的特点，具有较强的新意。目前国内拼凑图纸的现象非常普遍，即扫描照片拼凑于平面图之上，算不上真正的表现。真正的表现并不在于漂亮的画面，而是对设计意图的充分体现。在景观表现上表现不论在效果上，还是对意图的表达上，手绘比电脑都更加准确。

用马克笔对景观平面图上色，如图2.9所示。

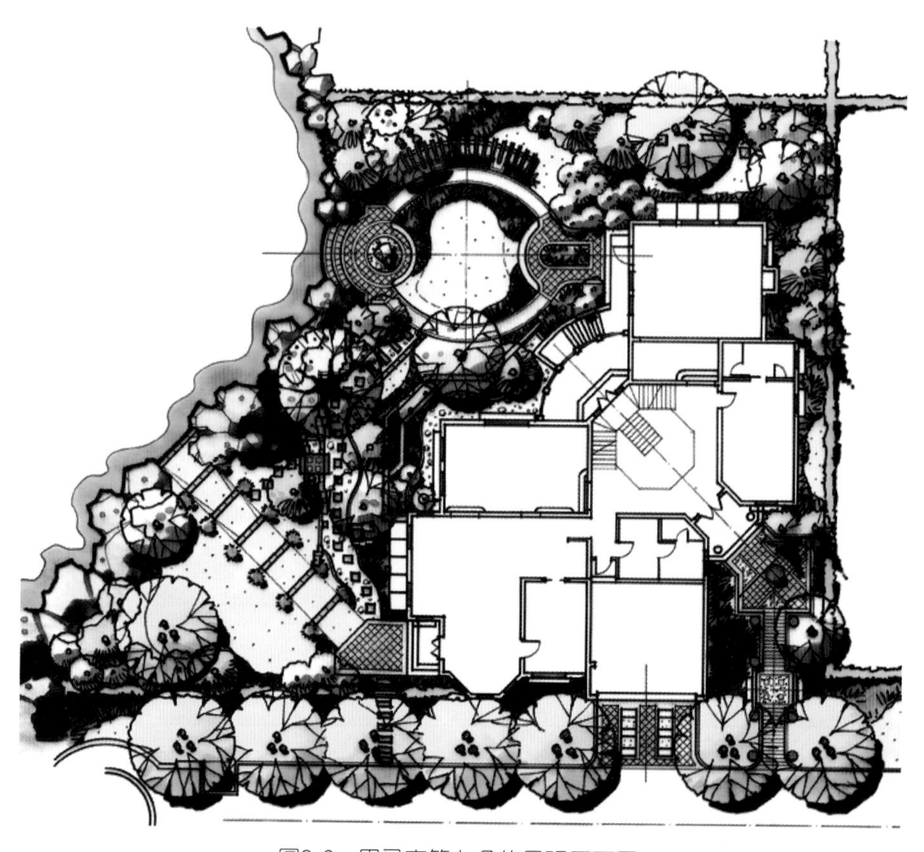

图2.9 用马克笔上色的景观平面图

平面图中各要素的区分如图2.10所示。

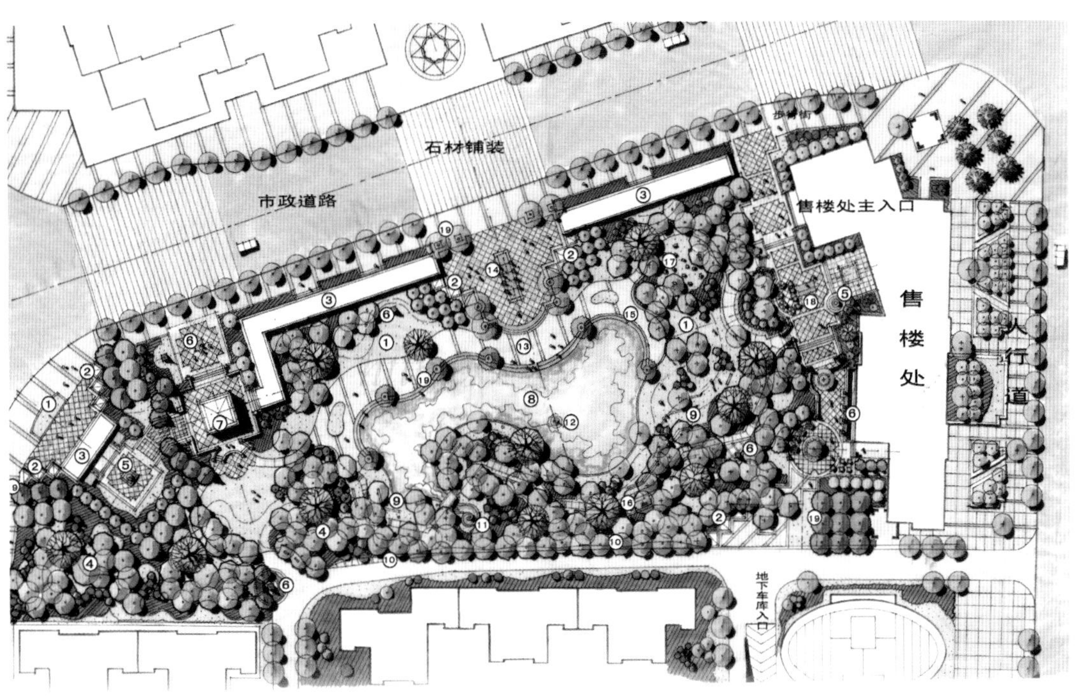

图2.10 平面图中要区分各要素

图2.11～图2.13是利用电脑软件绘制的平面图。

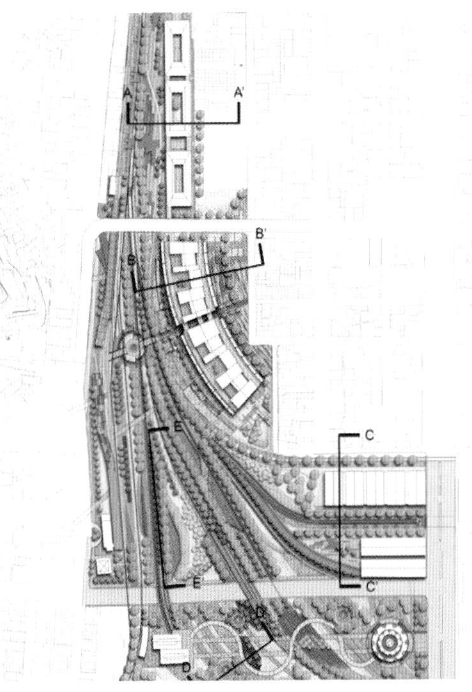

图2.11 利用Photoshop软件绘制的平面图

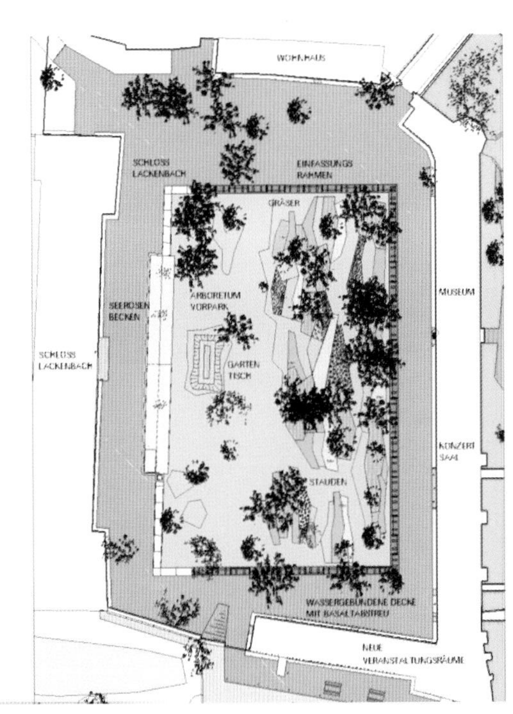

图2.12 利用Photoshop软件绘制的概念平面

图2.13　利用Photoshop软件绘制的平面图

同时，也可以利用电脑技术在原地形图上覆盖设计方案，如图2.14所示。

图2.14　在原地形图上用电脑覆盖设计方案

图2.14 在原地形图上用电脑覆盖设计方案(续)

2.1.4 景观平面图的绘图过程

下面就以某广场为例，详述平面图绘图过程和步骤。在景观设计中，景观平面图能表示整个园林景观设计的布局和结构、景观和空间构成以及各设计要素直接的关系。平面图是各个设计要素的整合，应注意画面整体效果，应条理清晰、整洁，主次分明。在绘图初期，将构思草图放在硫酸纸下方，这样既能保留原始的构思，又能进一步细化原方案。

平面图线稿绘制步骤如图2.15所示。

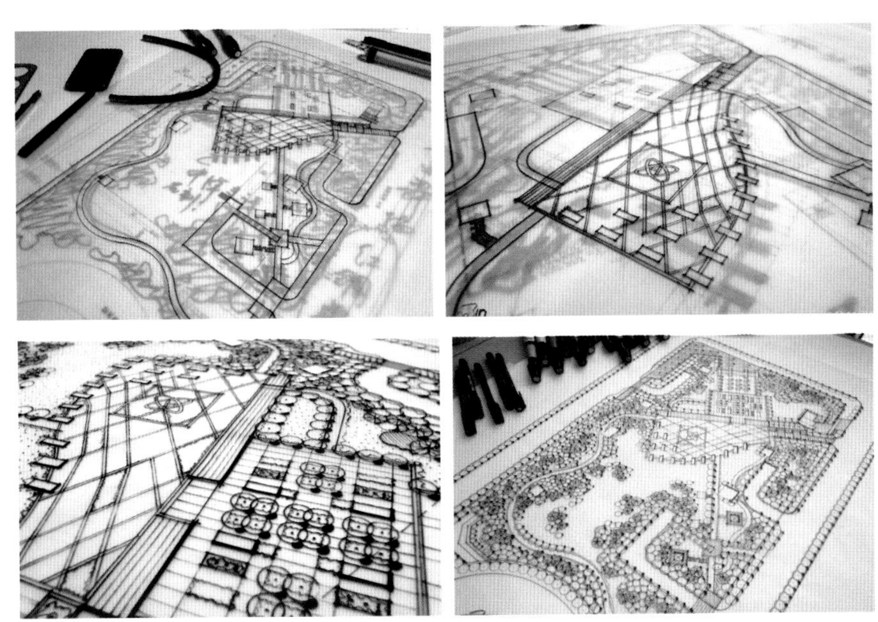

图2.15 平面图线稿绘制步骤

初期概念草图多用徒手绘制，是为了更好地思考方案，在正式绘制平面图线稿时，一般采用尺规作图或CAD制图，根据物体比例和尺寸用图例表达各要素。先用曲线板和直线描绘出边界轮廓，选取合适的圆模板表现乔木的树冠，一般使用3～4种图形区别不同树种和大小；灌木表现时注意疏密关系；用虚线勾画出微地形。再深入表现硬质部分，包括铺装台阶等细节。最后根据物体实际高度增加投影。绘图要区分线型线宽，时刻注意画面的疏密关系。

在进行景观平面图上色时，应注意区分绿植，一般灌木颜色最深，常用墨绿等蓝绿色系；乔木次之，一般用中绿色；草坪颜色最浅，常用黄绿色。这样就能区分三大类型植被系统，在画面上感觉层次丰富清晰。单体植物只需分清明暗两个层次即可。水体一般用淡蓝色马克笔平涂，用深蓝色沿着水岸加深倒影。喷泉用修改液点出。平面图上色绘制步骤如图2.16所示。

景观平面图中的建筑一般留白或绘制屋顶平面，构筑物表现其固有色。道路采用暖色和中性色平涂，从而和植物产生冷暖对比，边界颜色可稍深一些。由于马克笔、水彩等工具不具备覆盖力，因此在上色时应由浅入深、由简入繁。完成上色后应整体调整，加强画面对比关系，使图面具有美感和冲击力。

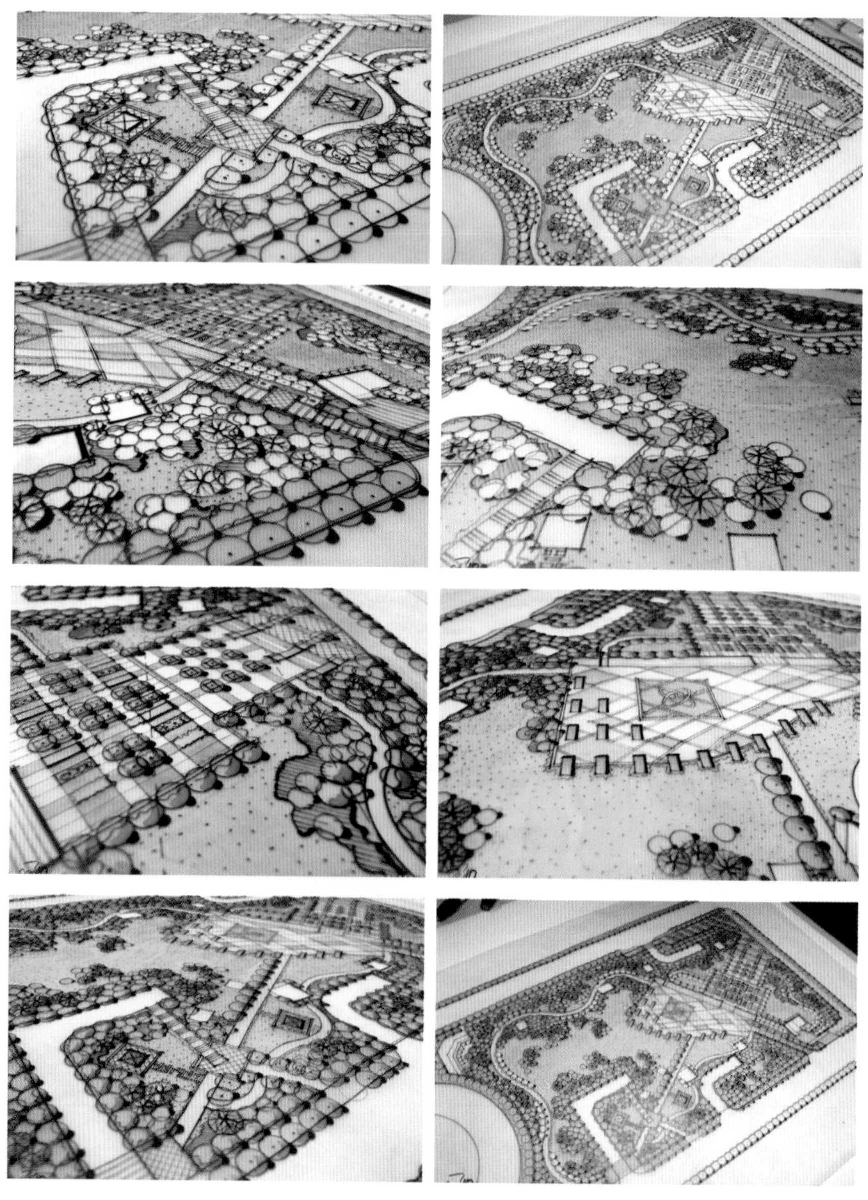

图2.16　平面图上色绘制步骤

2.2 景观要素的竖向图表达

景观要素的竖向图主要包括立面图和剖面图。通过竖向图表达能充分反映出景观的高差变化和层次、比例关系，是景观设计中必备的表现手段。在选取竖向图表达位置时，常常选择有构筑物的代表性区域或者是有明显高差变化的地方。这样，景观和建筑之间、景观与景观之间、景观与人之间的比例关系就更加明确、更加清晰。

2.2.1 景观立面图的表达

景观立面是将支撑空间的空间占有物体及镜像成像或视觉效果的立面真实尺度、形象状态按比例画出的水平立面的投影方式。在室外环境的布局与设计中，植物是一个极其重要的素材。在许多设计中，景观设计师主要是利用地形、植物和建筑来组织空间和解决问题的。植物除了能作设计的构成因素外，它还能使环境充满生机和美感。景观设计师对于植物知识的掌握，主要在于对所有的植物功能有透彻的了解，并能熟练地将植物运用于设计中，这就要求设计师通晓植物的设计特性，如植物的大小、形态、色彩和质地。

植物的立面表达方式常常分为轮廓型、枝干型和枝叶型(图2.17)。轮廓型主要反映植物的树形特征，常用来表示远景的植物。枝干型体现植物结构和冬季风貌，常用来表现中景的植物。枝叶型表现植物的细节和夏季风貌，常用来表现近景和主景树。

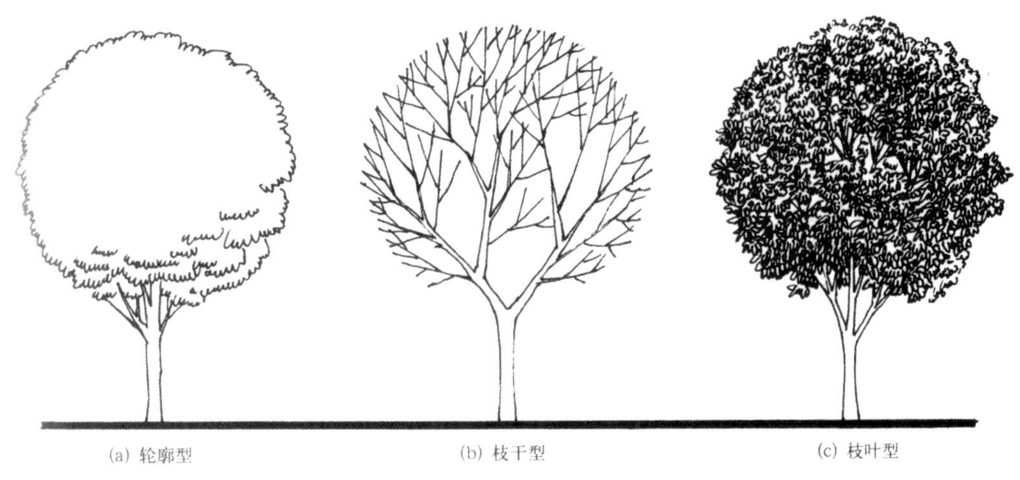

图2.17 植物表现的类型

不同树种的树形主要由遗传性决定，但也受外界环境因素的影响，在园林中整形修剪则起着决定性的作用。通常各种园林植物的树形可分为以下类型，如图2.18所示。

(1) 塔形：主枝平展，主枝从基部向上逐渐变短变细，如雪松、冷杉、落羽杉、南洋杉等。

(2) 圆锥形：主枝向上斜伸、树冠紧凑丰满，呈圆锥体，如桧柏、毛白杨、七叶树、水杉、圆柏等。

(3) 倒卵形：中央领导干较短，至上部也不突出，主枝向上斜伸，树冠丰满，如深山含笑、千头柏、樟树、广玉兰等。

(4) 圆柱形：中央领导干较长，上部有分枝，主枝贴近主干，如黑杨、加杨等。

(5) 棕榔形：如棕树、蒲葵、槟榔等。

(6) 风致形：主枝横斜伸展，如油松、枫树、梅树等。

(7) 卵圆形：如悬铃木、玉兰等

(8) 馒头形：如元宝枫、栾树、馒头柳等

(9) 伞形：如合欢、千头赤松等。

(10) 垂枝形：主枝虬曲、小枝下垂者，如垂柳、龙爪槐、龙爪柳等。

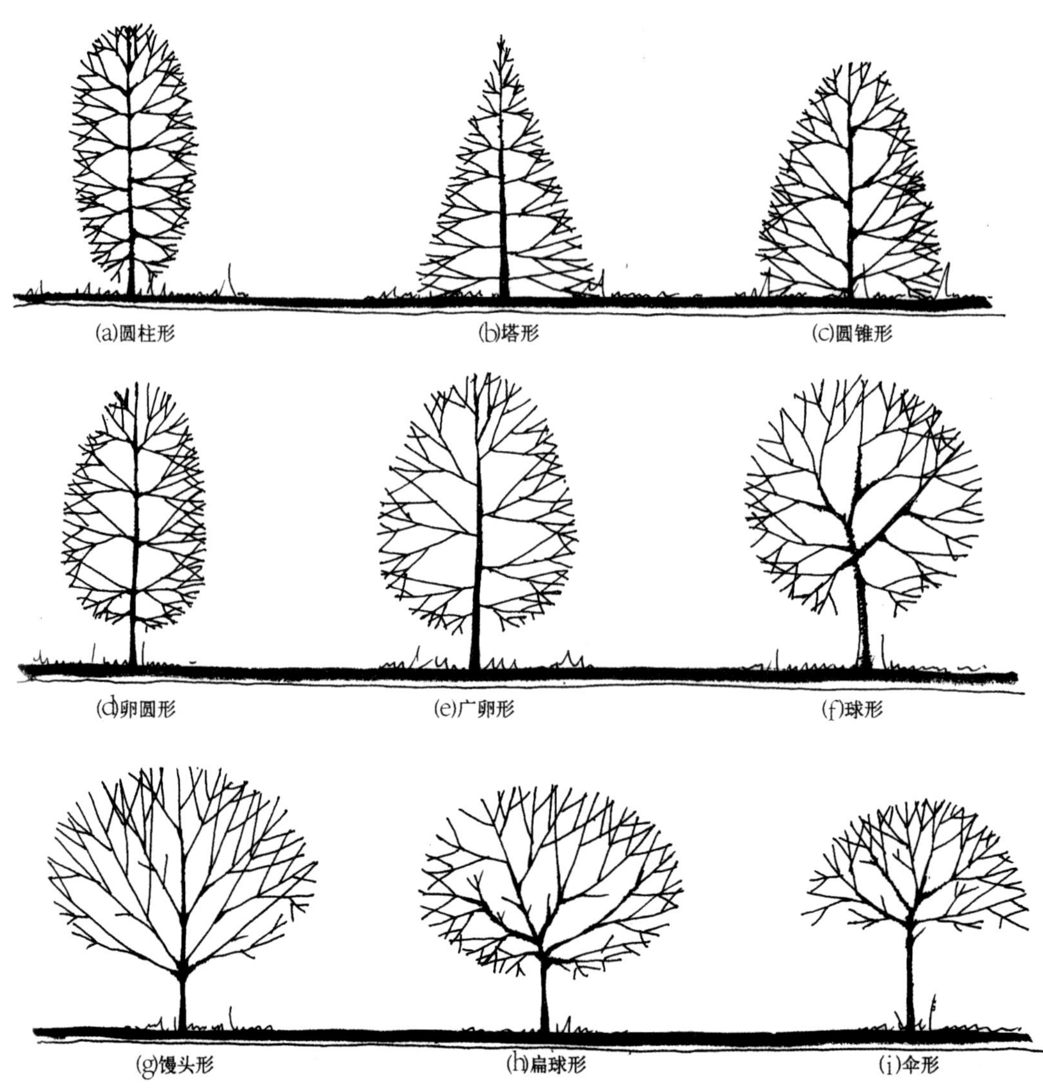

图2.18 树形的分类

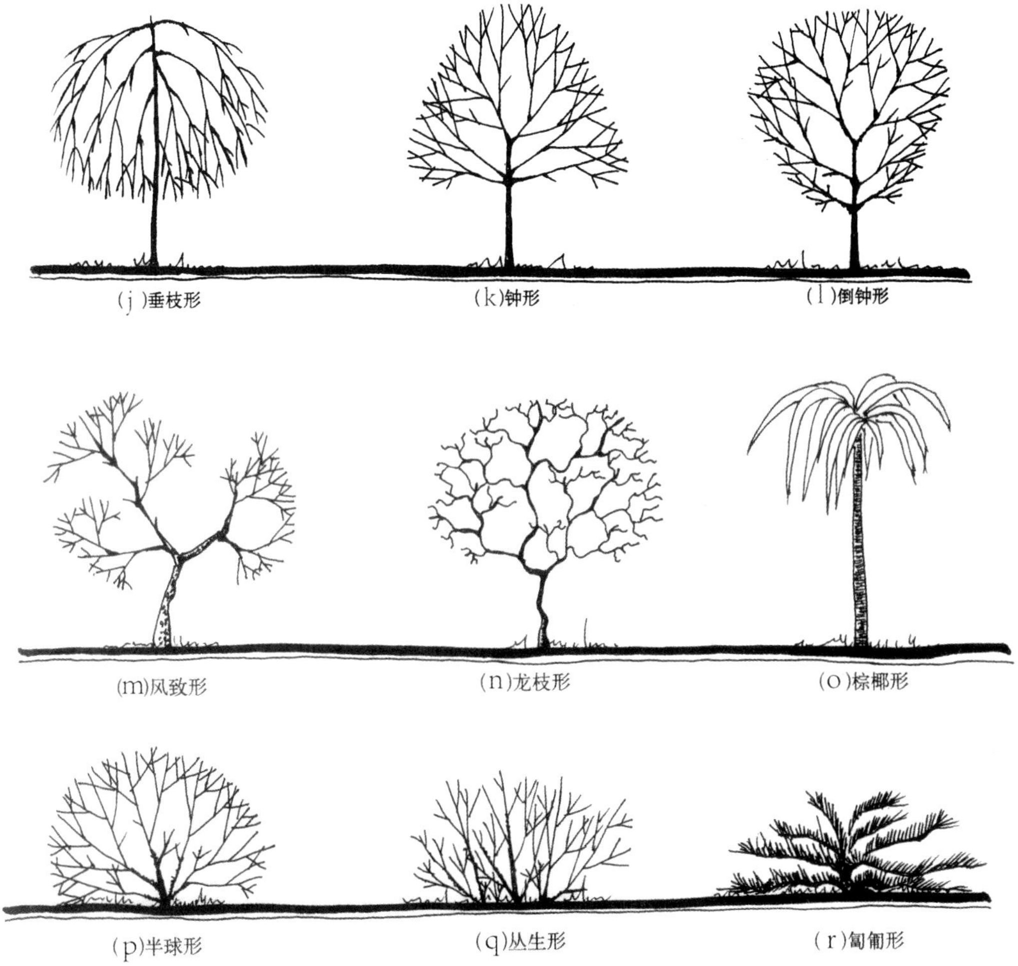

(j)垂枝形　　(k)钟形　　(l)倒钟形

(m)风致形　　(n)龙枝形　　(o)棕榈形

(p)半球形　　(q)丛生形　　(r)匐匍形

图2.18　树形的分类(续)

不同树形的植物在景观布置中能起到不同的作用，如图2.19～图2.21所示。

图2.19　纺锤形植物用于增强高度的变化

图2.20　平展的植物具有水平延伸感

图2.21　垂枝形植物将视线引向地面

立面图(图2.22) 能够真实反映所成像物体的占有空间物体的一个正立面 、侧立面、背景立面。在水平投影的状态下，横、纵向的比例尺度和形象按照其先后次序和复杂的层次能用立面图表现，往往按先后顺序和用层次不同的线号表现。立面标注方式与平面图的标注方式大部分相同，也有不同之处。横向上标注根据构筑物和建筑结构规矩的柱网排列或不规则段落的节点标注。

景观剖视图如图2.23所示。

立面图可以用手绘方式表达，如图2.24所示。

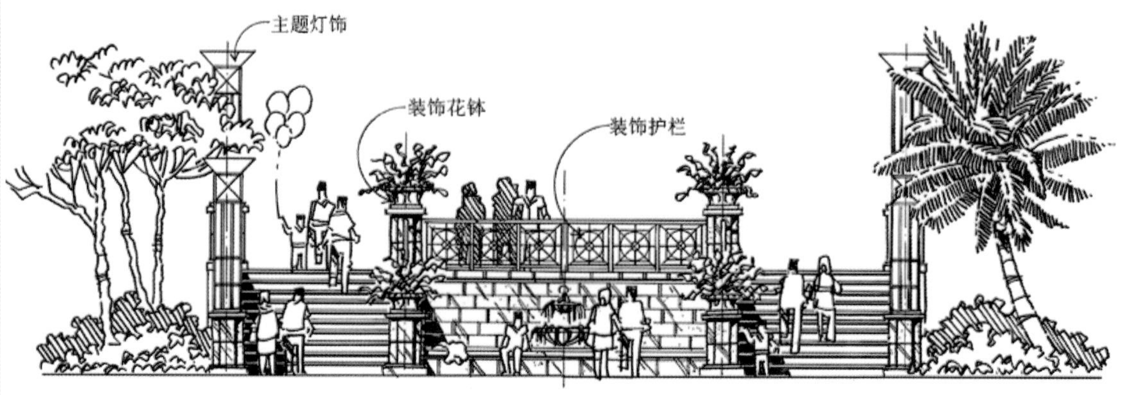

图2.22　立面图线稿

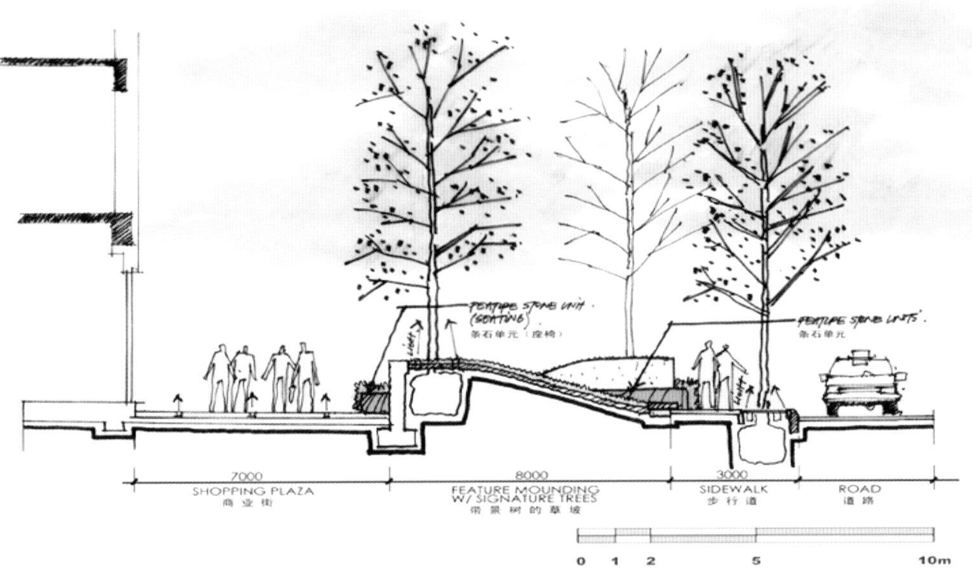

图2.23 剖视图

图2.24 立面图手绘表达

2.2.2 景观剖面图的表达

若选择一个平行于侧面的铅垂面将建筑物剖切开，移去一部分，另一部分剖切断面的正投影图就能反映建筑物的内部层次变化，该图称为建筑物的剖面图。园景剖面图是指某园景被一假想的铅垂面剖切开，沿某一剖切方向投影所得到的视图，其中包括园林建筑和小品等剖面，但在只有地形剖面时应注意园景立面和剖面图的区别，因为某些园林景立面图上也可能有地形剖面断线。通常园景剖面的剖切位置应在平面图上标注，且剖切位置必定处在园景图之中，在剖切位置上沿正反两个剖视方向均可得到反映同一园景的剖面图，但立面图沿某个方向只能作出一个，因此当园景较复杂时可多用几个剖面表示。

剖面图的剖切位置常常选择景观中地形较为复杂的地方或重要节点处。如图2.25～图2.27所示，将景观的平面图和剖面图按同一比例绘制，有利于更好了解设计方案构思与高度变化，充分体现了道路、植物、建筑等景观要素的尺度关系。

图2.25　剖面图反映出道路与建筑之间的关系

图2.26　剖面图反映出建筑与水体之间的关系

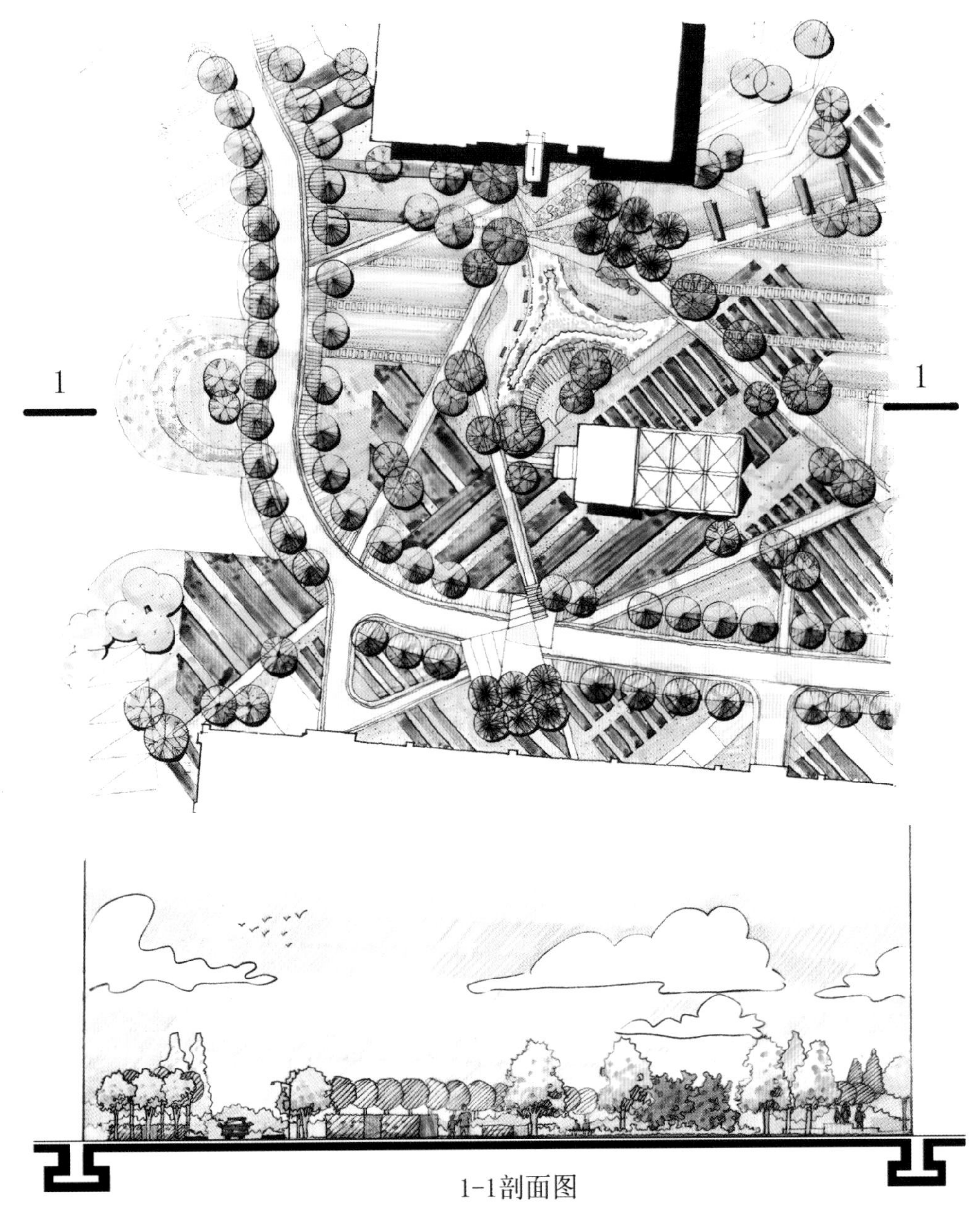

图2.27　剖面图能充分反映地形高差

2.3　景观要素的节点图表达

节点大样图能详细表现结构方式、安装方式和施工详细大样方向。不规则的形体很难按照常规大样图表显示，可用节点大样图用方格放射法，真实表现图示大样的具体形象。立面、剖面、节点图的表现能进一步将工程的工艺、材料和工艺手段、连接方式非常具体形象地表现出来，也是施工人员、工程技术人员准确无误施工必须遵循的法律依据。剖面位置、节点大样位置在里面图中有图号索引，便于查询。

挡墙、花池、树池、泳池、台阶的大样图如图2.28～图2.31所示。

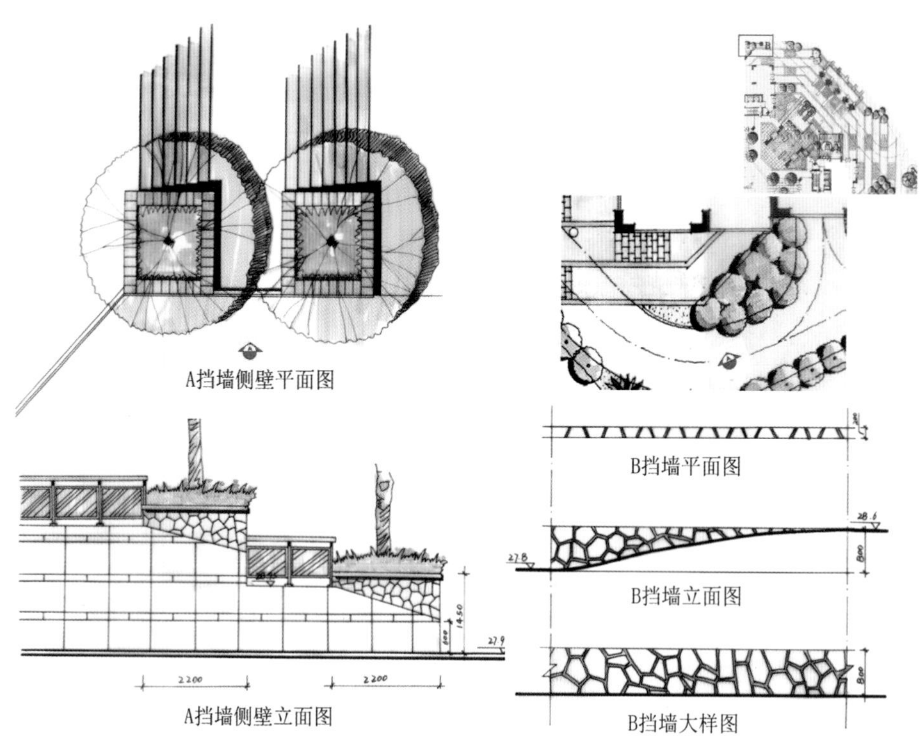

图2.28　挡墙大样图

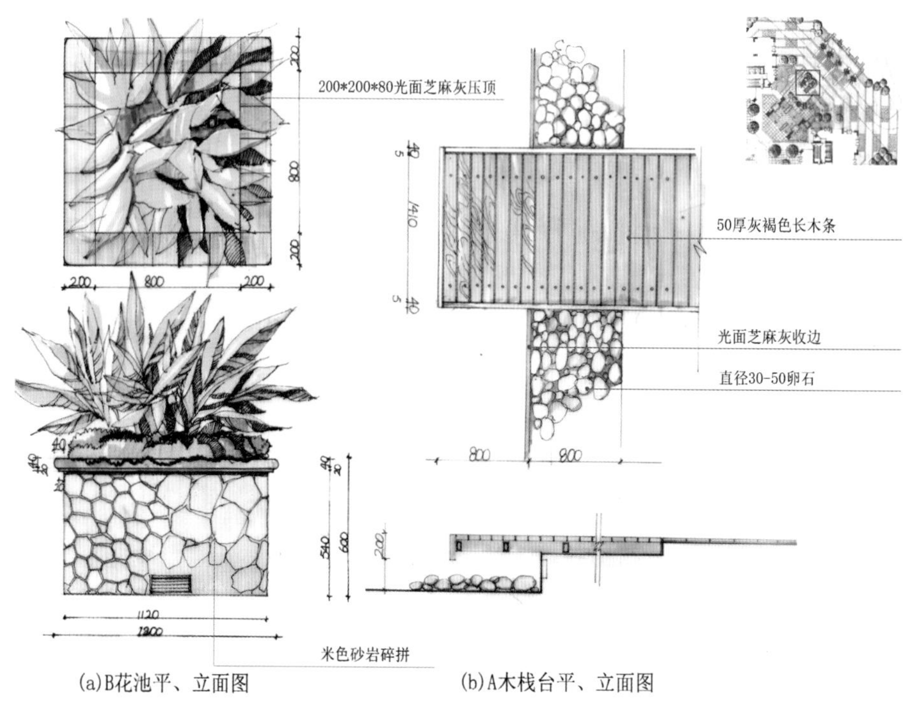

图2.29　花池大样图

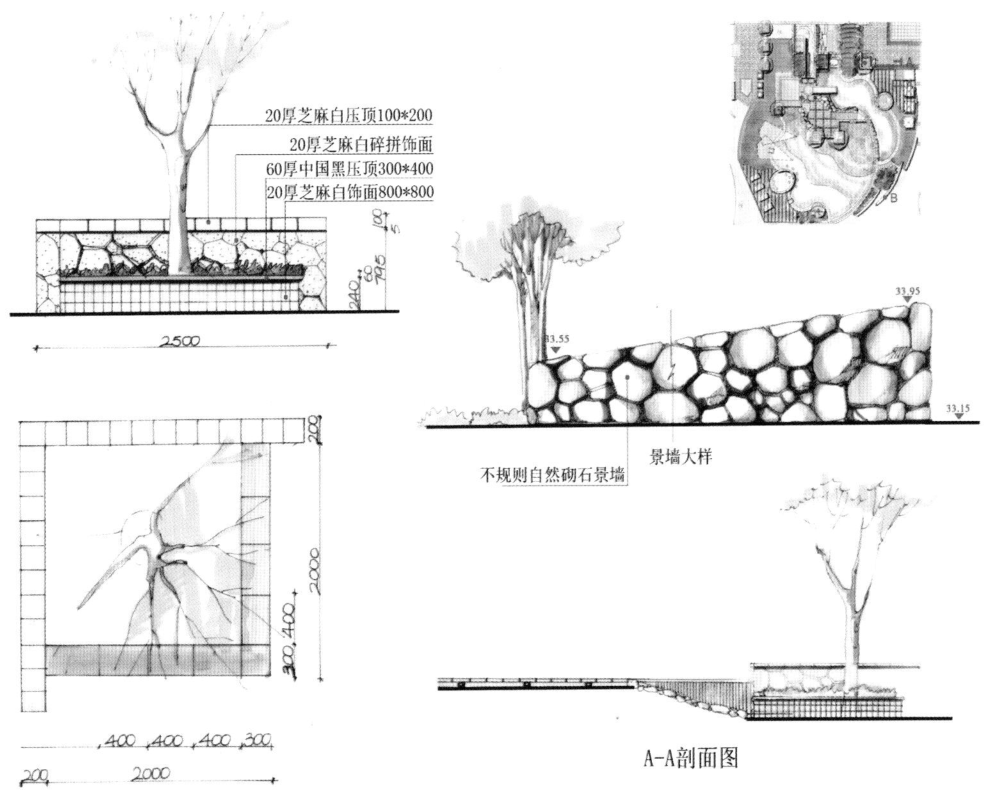

图2.30 树池大样图

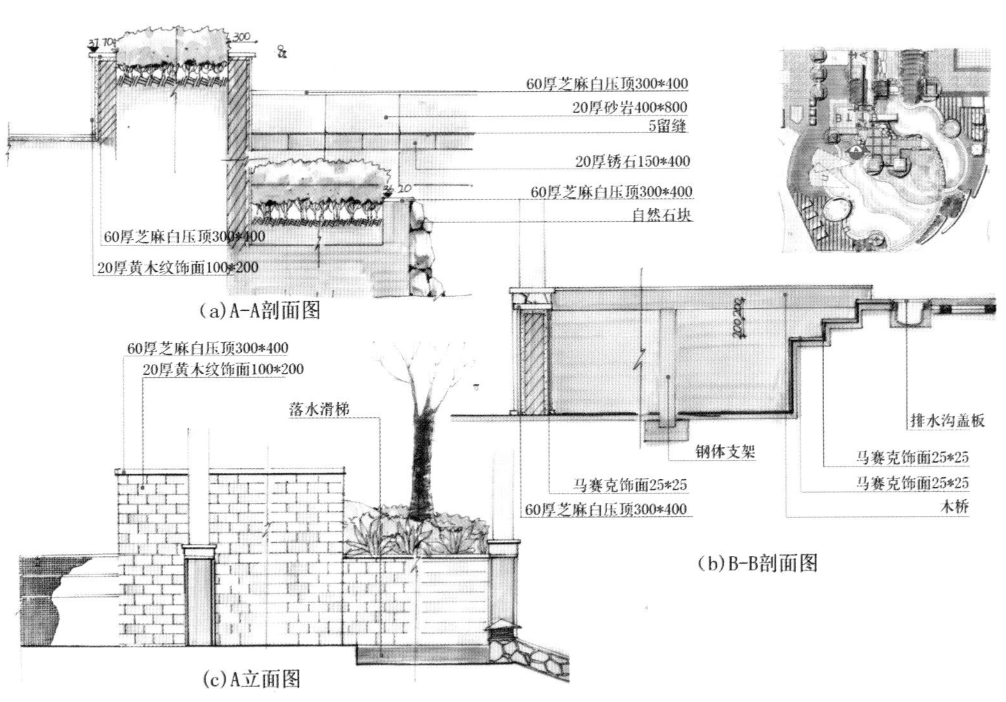

图2.31 泳池大样图

2.4 景观设计的施工图规范

施工图是利用正投影原理所绘制的平面、立面、剖面图，是设计师的设计意图与其现场施工交流的语言。设计师要将自己的设计意图充分地表达给客户及施工人员，就必须掌握规范的图纸设计；正投影制图要求使用专业的绘图软件工具，在图纸上作的线条必须粗细均匀、光滑整洁、交接清楚。因为这类图纸是以明确的线条描绘建筑内部或者外部装饰空间的形体轮廓线来表达设计意图的，所以严格的线条绘制和严格的制图规范是它的主要特征。

2.4.1 图纸幅面

国家标准工程图图纸幅面及图框尺寸见表2-1。

表2-1 国家标准工程图图纸幅面及图框尺寸

幅面代号 / 尺寸代号	A0	A1	A2	A3	A4
B×L	841×1189	594×841	420×594	297×420	210×297
C	10			5	
A	25				

注：表中尺寸单位为毫米(mm)。加长图幅为标准图框根据图纸内容需要在长向(L边)加长$L/4$的整数倍，A4图一般无加长图幅。总工办已制作有A3～A0幅面的标准图框及加长图框，可直接调用。(标准图框保存位置：T：/ 总工办 / 标准图框。考虑到施工过程中翻阅图纸的方便，除总图部分采用A2～A0图幅(视图纸内容需要，同套图纸统一)外，其他详图图纸采用A3图幅。根据图纸量可分册装订。

2.4.2 图纸标题栏

1. 图标内容

(1) 公司名称：中文公司名称。

(2) 业主、工程名称：填写业主名称和工程名称。

(3) 图纸签发参考： 填写图纸签发的序号、说明、日期。

(4) 版权：中英文注名的版权归属权。

(5) 设计阶段：填写本套图纸的设计阶段。

(6) 签名区。

2. 标准图标示例

标准图标如图2.32所示。

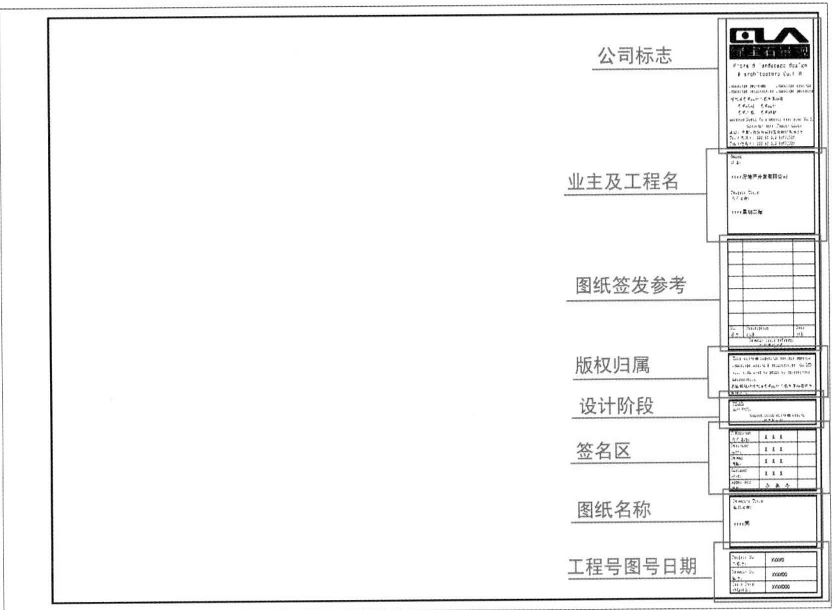

图2.32　标准图标

2.4.3　绘图比例

选定图幅后，根据本张图纸要表达的内容选定绘图比例，见表2-2。

表2-2　常见绘图比例

常用比例	1:1，1:2，1:5，1:10，1:20，1:50，1:100，1:200，1:500，1:1000，1:2000，1:5000，1:10000，1:20000，1:50000，1:100000，1:200000
可用比例	1:3，1:15，1:25，1:30，1:40，1:60，1:150，1:250，1:300，1:400，1:600，1:1500，1:2500，1:3000，1:4000，1:6000，1:15000，1:30000

2.4.4　图形线

根据图纸内容及其复杂程度要选用合适的线型及线宽来区分图纸内容的主次。为统一整套图纸的风格，对图中所使用的线宽及线型做出表2-3中的规定。

表2-3　常用线型及用途

名称	线型	线宽	用途
特粗实线	━━━━━	0.70	建筑剖面、立面中的地坪线，大比例断面图中的剖切线

(续表)

名称	线型	线宽	用途
粗实线		0.50	平、剖面图中被剖切的主要建筑构造(包括构配件)的轮廓线 建筑立面图的外轮廓线 构配件详图中的构配件轮廓线
中实线		0.25	平、剖面图中被剖切到的次要建筑构造(包括构配件)的轮廓线；建筑平立剖面图中建筑构配件的轮廓线；构造详图中被剖切的主要部分的轮廓线；植物外轮廓线
细实线		0.18	图中应小于中实线的图形线、尺寸线、尺寸界线、图例线、索引符号、标高符号
中虚线		0.25	建筑构造及建筑构配件不可见的轮廓线
细虚线		0.18	图例线，应小于中虚线的不可见轮廓线
点划线		0.18	中心线、对称线
折断线		0.18	断开界线
波浪线		0.18	断开界线

2.4.5 字体

图纸上需书写的文字、数字、符号等，均应笔划清晰，字体端正，排列整齐。图及说明的汉字、拉丁安母、阿拉伯数字和罗马数字应采用楷体_GB2312，其高度(h)与宽度(w)的关系应符合：$w/h=1$ 。

尺寸标注数字、标注文字、图内文字的字高为3.5mm；说明文字、比例标注的字高为4.8mm；图名标注文字的字高为6mm，比例标注文字的字高为4.8mm；图标栏内须填写的部分均选用字高为2.5mm的文字。

2.4.6 符号标注

1. 风玫瑰图

在总平面图中应画出工程所在地地区风玫瑰图，用以指定方向及指明地区主导风向。地区风玫瑰图查阅相关资料或由设计委托方提供。

2. 指北针

在总图部分的其他平面图上应画出指北针，所指方向应与总平面图中风玫瑰的指北针方向一致。指北针用细实线绘制，圆的直径为24mm，指针尾宽为3mm，在指针尖端处注“N”字，字高5mm，如图2.33所示。

3. 定位轴线及编号

平面图中的定位轴线用来确定各部分的位置。定位轴线用细点划线表示，其编号注在轴线端部用细实线绘制的圆内，圆的直径为8mm，圆心在定位轴线的延长线或延长线的折线上。平面图上定位轴线的编号应标注在图样的下方与左侧，横向用阿拉伯数字按从左至右顺序编号，竖向用大写拉丁字母(除I、O、Z外)按从下至上顺序编号，如图2.34所示。

在标注次要位置时，可用在两根轴线之间的附加轴线。附加轴线及其编号方法如图2.35所示。

在详图中一个详图适用于几根定位轴线时的轴线编号方式如图2.36所示。

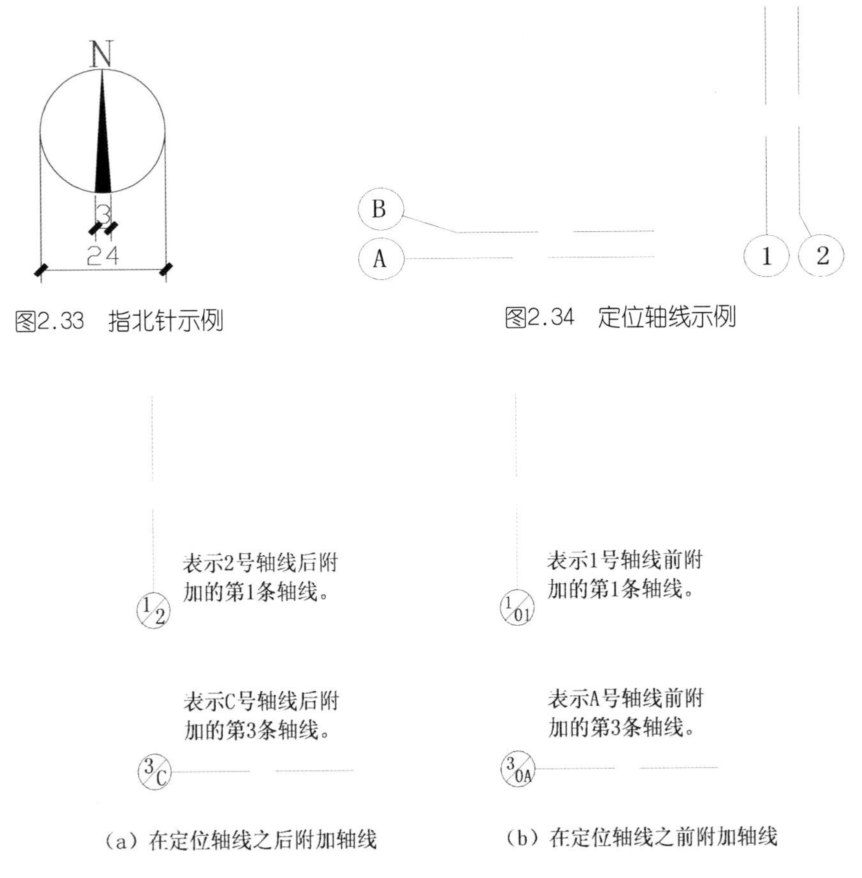

图2.33 指北针示例

图2.34 定位轴线示例

（a）在定位轴线之后附加轴线

（b）在定位轴线之前附加轴线

图2.35 附加轴线及其编号

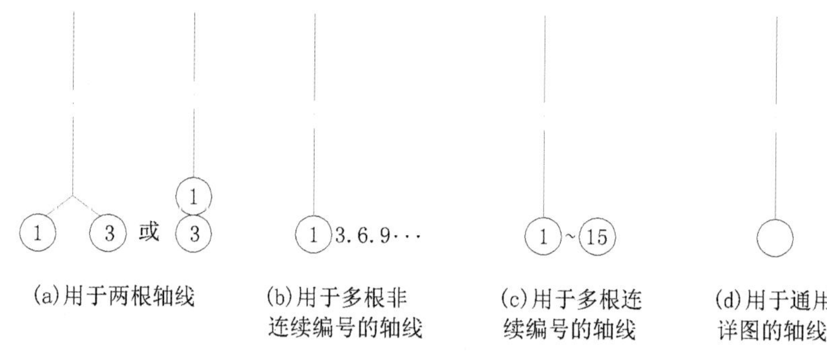

图2.36　一个详图适用于几根定位轴线时的编号

4. 索引符号及详图符号

对图中需要另画详图表达的局部构造或构件，在图中的相应部位应以索引符号索引。索引符号用来索引详图，而索引出的详图应画出详图符号来表示详图的位置和编号，并用索引符号和详图符号相互之间的对应关系，建立详图与被索引的图样之间的联系，以便相互对照查阅。

索引符号的圆及水平直径线均以细实线绘制，圆的直径应为10mm，索引符号的引出线应指在要索引的位置上。引出的是剖面详图时，用粗实线段表示剖切位置，引出线所在的一侧应为剖视方向。圆内编号的含义为：上行为详图编号，下行为详图所在图纸的图号，如图2.37所示。

详图符号以粗实线绘制直径为14mm的圆，当详图与被索引的图样不在同一张图纸内时，可用细实线在详图符号内画一水平直径，圆内编号的含义为：上行为详图编号，下行为被索引图纸的图号，如图2.38所示。

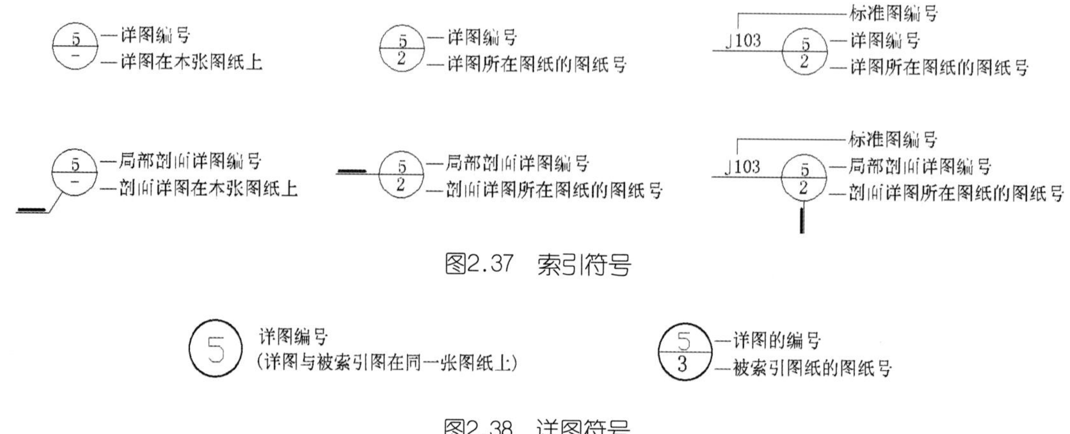

图2.37　索引符号

图2.38　详图符号

2.4.7　尺寸标注

1. 基本规定

尺寸界线用细实线绘制，一般应与被注长度垂直，其一端应离开图样轮廓线不小于2mm；另一端宜超出尺寸线2～3mm。必要时，图样轮廓线也可用作尺寸界线。

尺寸线用细实线绘制，应与被注长度平行，且不宜超出尺寸界线。尺寸线不能用其他图线替代，一般也不得与其他图线重合或画在其延长线上。

尺寸起止符应用中实线的斜短划线绘制，其倾斜方向应与尺寸界线成顺时针45°角，长度宜为2～3mm。半径、直径、角度与弧长的尺寸起止符号宜用箭头表示。

图上尺寸应以尺寸数字为准。图样上的尺寸单位除标高及在总平面图中的单位为米(m)外，都必须以毫米(mm)为单位。尺寸数字应依据其读数方向写在尺寸线的上方中部，如没有足够的注写位置，最外边的尺寸数字可在尺寸界线外侧注写，中间相邻的尺寸数字可错开注写，也可引出注写。尺寸数字不能被任何图线穿过。不可避免时，应将图线断开。

2. 尺寸的排列与布置

尺寸宜标注在图样轮廓线以外，不宜与图线、文字及符号相交。但在需要时也可标注在图样轮廓线以内。尺寸界线一般与尺寸线垂直。互相平行的尺寸线，应从被注的图样轮廓线由近向远整齐排列，小尺寸应离轮廓线较近，大尺寸离轮廓线较远，图样外轮廓线以外最多不超过三道尺寸线。图样轮廓线以外的尺寸线距图样最外轮廓线之间的距离，不宜小于10mm，平行排列的尺寸线的间距宜为7～10mm并应保持一致。总尺寸的尺寸界线应靠近所指部位，中间的分尺寸的尺寸界线可稍短，但其长度应相等。

3. 标高

标高是标注建筑物高度的另一种尺寸形式。其标注方式应满足下列规定：个体建筑物图样上的标高符号以细实线绘制。通常用图2.39(a)左图所示的形式；如标注位置不够，可按图2.39(a)右图所示形式绘制。图中L是注写标高数字的长度，高度H则视需而定。

总平面图上的标高符号应涂黑表示。标高数字以米(m)为单位，注到小数点以后第3位；在总平面图中，可注到小数点后两位。零点标高应注写成±0.000；正数标高不注“+”，负数标高应注“-”。标高符号的尖端应指至被注的高度处，尖端可向上，也可向下。在图样的同一位置需表示几个不同标高时，标高数字可按图2.39(d)所示的形式注写。

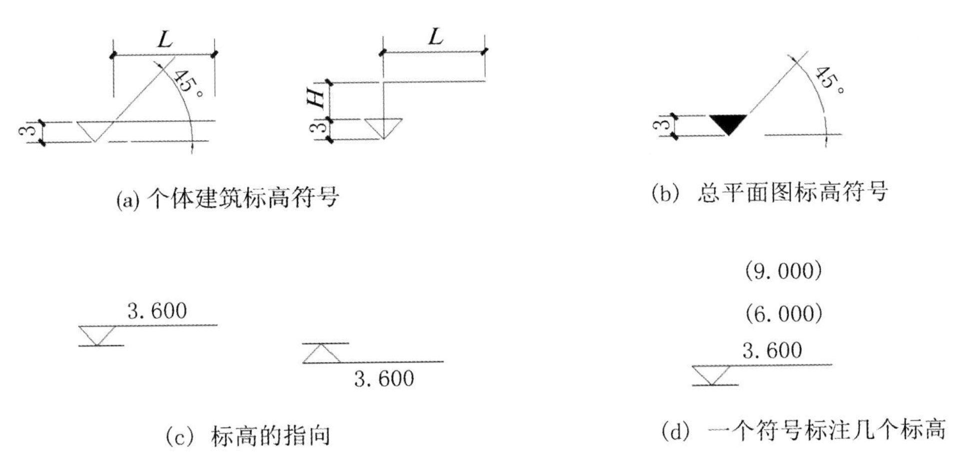

图2.39　标高符号及其画法规定

4. 尺寸标注的其他规定

尺寸标注的其他规定见表2-4。

表2-4　尺寸标注注法示例

注写的内容	注法示例	说　明
半径	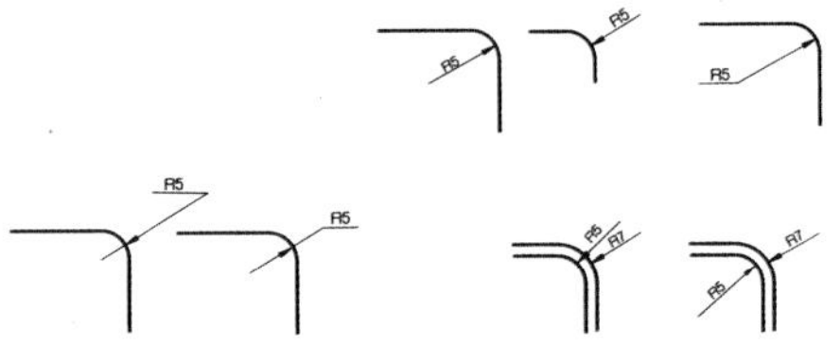	半圆及小于半圆的圆弧，需标注半径。标注半径的尺寸线的方向应一端指向圆弧，半径数字前加注符号“R”
直径	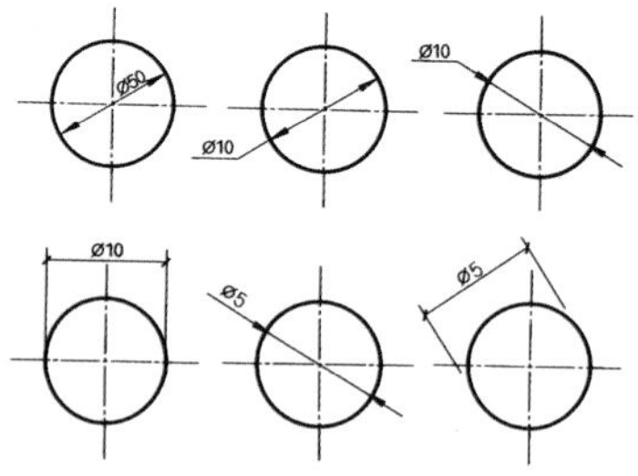	圆及大于半圆的圆弧应标注直径，并在直径数字前加注符号“ϕ”。较小的圆面积的直径尺寸，可标注在圆面积外
薄板厚度	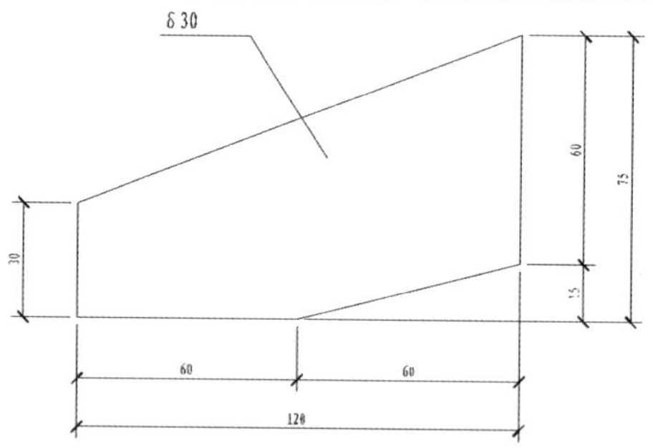	应在厚度数字前加注符号“δ”
正方形	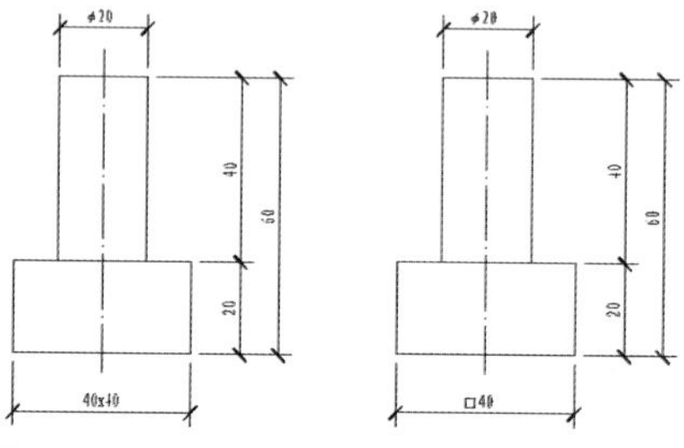	在正方形的侧面标注该正方形的尺寸，可用“边长×边长”标注，也可在边长数字前加方形符号“□”
坡度	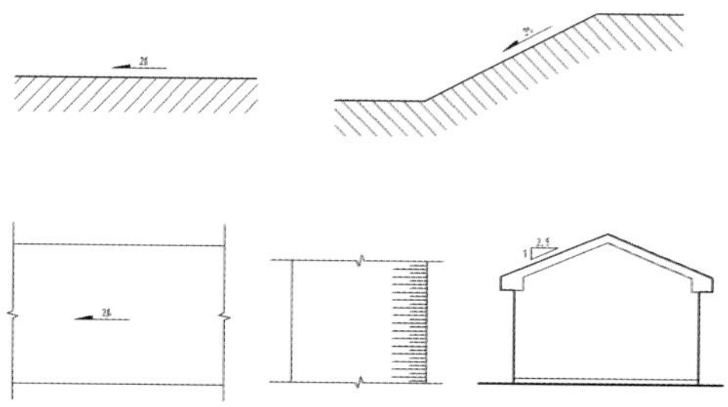	标注坡度时，在坡度数字下，应加注坡度符号，坡度符号用单面箭头，一般就指向下坡方向；或采用直角三角形的形式标注

（续表）

注写的内容	注法示例	说　明
角度、弧长和弦长	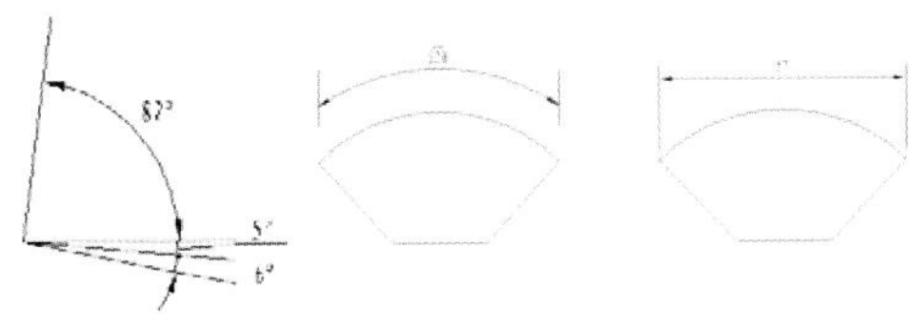	角度的尺寸线是圆弧，圆心是角顶，角边是尺寸界线。尺寸起止符号用箭头，空间不够时，可以用圆点代替，角度数字应以水平方向注写。 标注圆弧时，尺寸线为同心圆弧，尺寸界线垂直于该圆弧的弦，起止符号用箭头，弧长数字上方加圆弧符号。圆弧的弦长的尺寸线应平行于弦，尺寸界线垂直于弦
连续排列的等长尺寸	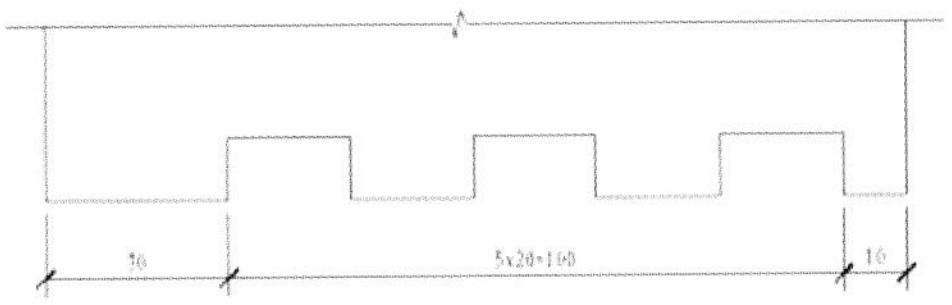	可用“个数×等长尺寸=总长”的形式标注
相同要素	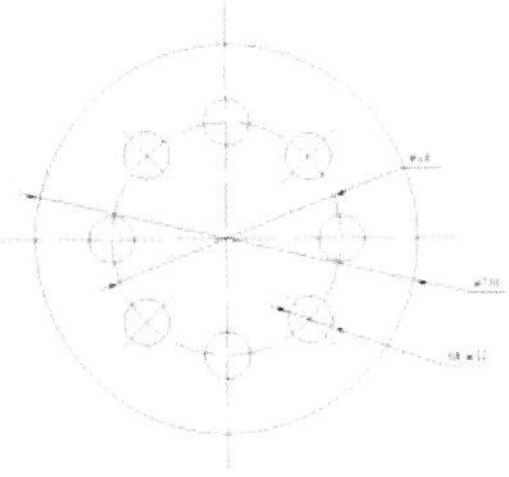	当构配件内的构造要素（如孔、槽）相同，可只标注其中一个要素的尺寸及个数
倒角	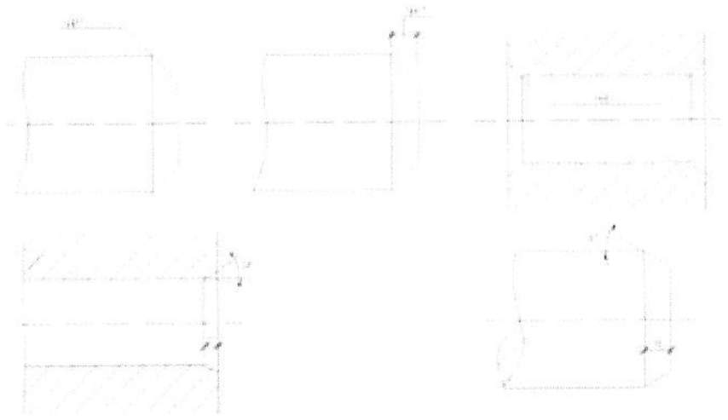	倒角可按下列形式标注： ①45°倒角要按“圆台高度×45°” ②非45°倒角可分别标注圆台的半锥角和高度
斜度和锥度	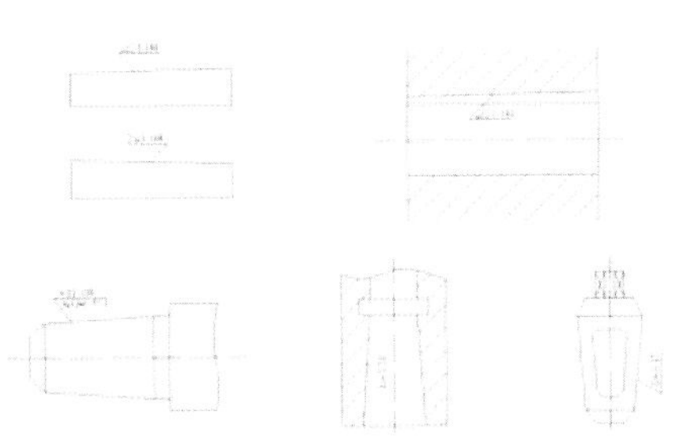	斜度及锥度的标注： ①斜度符号的顶角为30°，高度与字高相同 ②锥度符号是顶角为30°的等腰三角形，底边宽度与字高相同 ③斜度与锥度符号的主向，应分别与斜度、锥度的方向相同。必要时，可在标注锥度的同时，在括号中注出锥角的角度α的一半

2.4.8 常用图例

1. 总平面图中的常用图例

总平面图中的常用图例见表2-5。

表2-5 总平面图中的常用图例

名　称	图　例	说　明
新建的建筑物	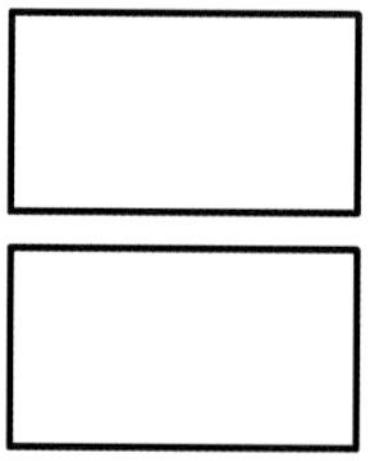	①上图为不画出入口图例，下图为画出入口图例 ②需要时，可在图形内右上角以点数或数字(高层宜用数字)表示层数 ③用粗实线表示
原有的建筑物	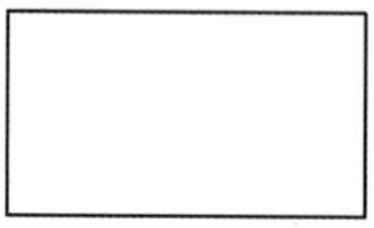	①应注明拟利用者 ②用细实线表示
计划扩建的预留地或建筑物		用中虚线表示
拆除的建筑物	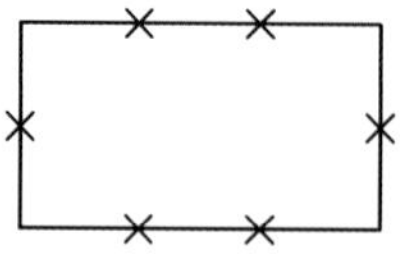	用细实线表示
新建的地下建筑物或构筑物		用粗虚线表示
敞棚或敞廊	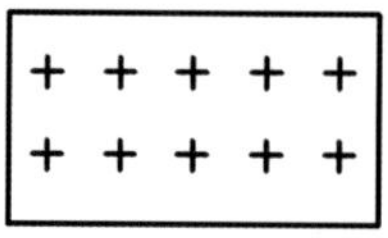	
围墙及大门	 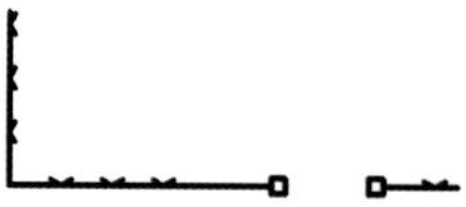	上图为砖石、混凝土或金属材料的围墙，下图为镀锌铁丝网、篱笆等围墙，如仅表示围墙时，不画大门

（续表）

名　称	图　例	说　明
坐标	X=105.00 Y=425.00 A=131.61 B=278.25	上图表示测量坐标，下图表示施工坐标
填挖边坡		边坡较长时，可一端或两端局部表示
护坡		边坡较长时，可一端或两端局部表示
室内标高	3.550	单位为米，保留小数点后三位
室外标高	143.000	
新建的道路	6 101.00 R9 150.000	①“R9”表示道路转弯半径为9m，“150.00”为路面中心的标高，“6”表示6%，为纵向坡度，“101.00”表示变坡点间距离 ②图中斜线为道路断面示意，根据实际需要绘制
原有的道路		实线绘制
计划扩建的道路		长虚线绘制
人行道		实线绘制

（续表）

名 称	图 例	说 明
桥梁（公路桥）	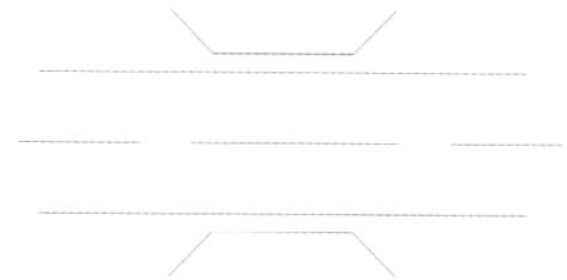	用于旱桥时应注明
雨水井与消火栓井	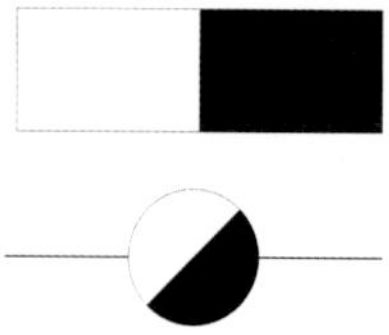	上图表示雨水井，下图表示消火栓井
针叶乔木		指树身高大的树木，由根部发生独立的主干，树干和树冠有明显区分。常见的有雪松、黑松、白皮松、火炬松、湿地松、马尾松、油松、锦松、云杉、圆柏、龙柏、柏木等
阔叶乔木	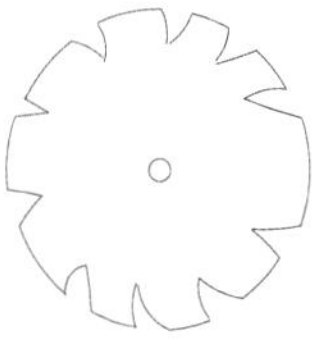	指树身高大的树木，由根部发生独立的主干，树干和树冠有明显区分。常见的有梧桐树、悬铃木、玉兰树、杨树、柳树、槐树、银杏树、合欢树、海棠树、柿树、枣树、桃树、苹果树、梨树、枫树等
针叶灌木		没有明显的主干、呈丛生状态
阔叶灌木	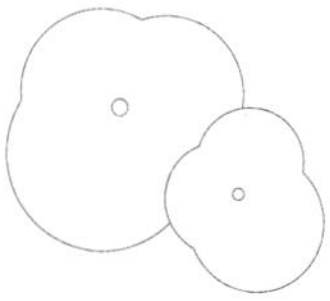	没有明显的主干、呈丛生状态
修剪的树篱		用于室外区域的间隔、防护 采用不规则的云线绘制
草地	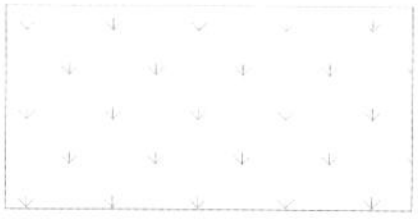	生长草本和灌木植物为主并适宜发展畜牧业生产的土地
花坛	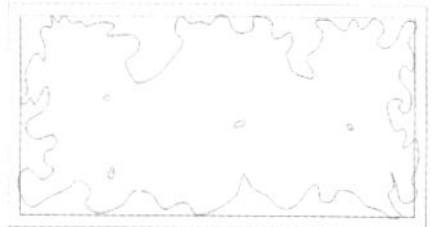	不规则云线绘制花卉范围，实线绘制花坛边缘

2．常用建筑材料图例

常用建筑材料图例见表2.6。

表2.6　常用建筑材料图例

材料名称	图　例	说　明
自然土壤		包括各种自然土壤
夯实土壤		
砂	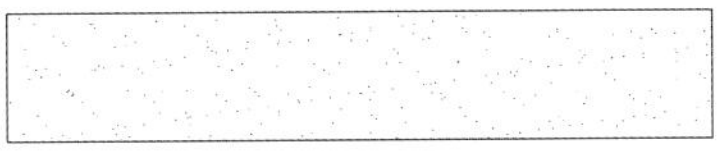	靠近轮廓线绘制较密的点
灰土		具有灰化淀积层的矿质土壤
砂砾石、碎砖三合土	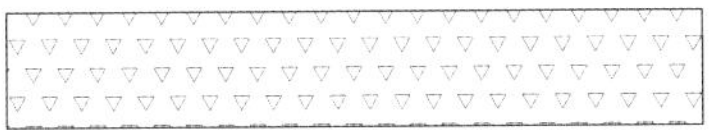	颗粒状、无粘性材料
天然石材		包括岩层、砌体、铺地、贴面等材料
毛石	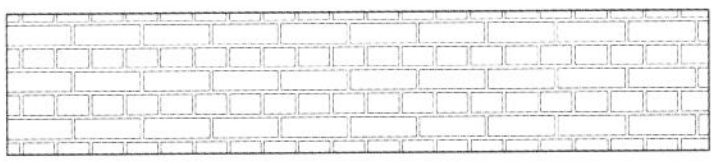	不成形的石料
普通砖	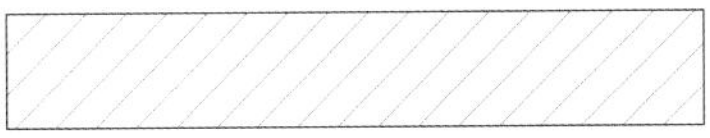	①包括砌体、砌块 ②断面较窄，不易画出图例线时，可涂红
混凝土	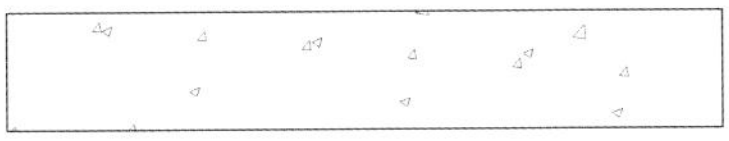	①本图例仅适用于能承重的砼及钢筋混凝土 ②包括各种强度等级、骨料、添加剂的混凝土 ③在剖面图上画出钢筋时，不画图例线 ④断面较窄，不易画出图例线时，可涂黑
钢筋混凝土	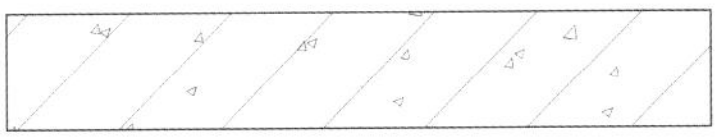	
多孔材料	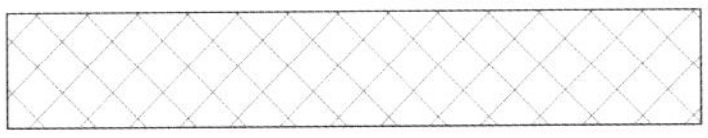	包括水泥珍珠岩、沥清珍珠岩、泡沫混凝土、非承重加气混凝土、泡沫塑料、软木等
木材	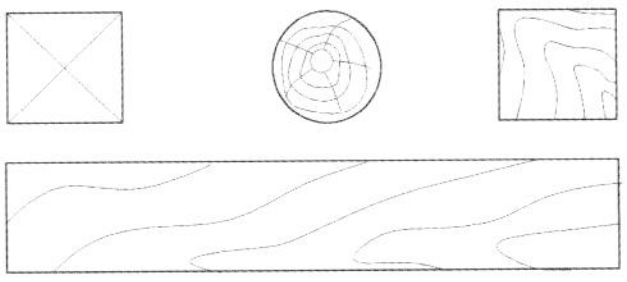	①上图为横断面，左上图为垫木、木砖、木龙骨 ②下图为纵断面
金属	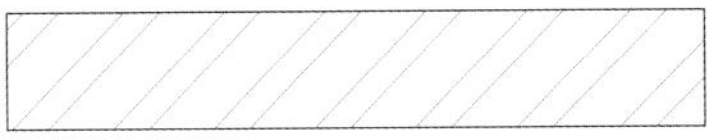	①包括各种金属 ②图形较小时，可涂黑

2.5 景观要素的效果图表达

景观手绘在表达概念的同时更是一种设计语言，语言的目的是沟通与交流，因此表现图的终极目的不在于表现，而在于交流。由于景观设计所表现的是形象变化的物体和场景，因此，它也属于一种专业性的设计语言，只是更形象化了，就像施工图对于建筑是一种技术语言一样。而这种设计语言的交流是否畅通、是否无障碍，取决于设计者对表现技法的掌握，只有清楚地表现设计中的空间关系、结构关系、功能分布、材料做法，才能使对方对设计师的设计理解更明了。

2.5.1 景观效果图的表达——彩色铅笔

对于技法的训练，实质上是对交流的训练。这种交流存在于设计师与普通观者之间，更存在于设计师与设计师之间，他们之间不但有语言的沟通，更可通过形象化的表现来了解设计意图，这样的沟通完全可以摆脱开语言进行，使沟通方便，可随时随地进行。同样这种交流也可存在于设计师和施工者或制作者之间，存在于设计师与业主之间。由于手绘表现具有即时性、形象化强、表现直接、重点突出等特点。使手绘表现成为设计师所要掌握的基本要素之一。

水溶性彩色铅笔是在景观设计效果图表达中用得比较多的工具，它上手快、易于修改，表现风格细腻，富于变化，适合表现软质景观。彩铅绘制的效果图应注意排线的方向要沿着物体的结构，并注意排线时留有一定空隙，以利于不同颜色的重叠，如图2.40～图2.43所示。颜色较灰时可以利用墨线加强画面的明暗对比，构图时尽量饱满。

图2.40　彩铅绘制的效果图(一)

图2.41　彩铅绘制的效果图(二)

图2.42　彩铅绘制的效果图(三)

图2.43　彩铅绘制的效果图(四)

2.5.2 景观效果图的表达——马克笔

马克笔是目前效果图表现中运用得最多的上色工具，不论是近景刻画(图2.44)还是大场景渲染(图2.46) 都能较好体现。马克笔表现要点在于由浅入深，层层深入。运笔轻松大胆，特别要注意画面的留白。图2.48所示的某屋顶花园效果图处理中，为了体现聚会时的热闹景象增加了很多人物，但是会造成画面主题不明确，于是大胆将人物处理成线条，使画面透气的同时又突出了景观的效果。图2.44～图2.48均为马克笔上色的效果图。

图2.44 马克笔上色的效果图(一)

图2.45 马克笔上色的效果图(二)

图2.46 马克笔上色的效果图(三)

图2.47 马克笔上色的效果图(四)

图2.48 马克笔上色的效果图(五)

2.5.3 景观效果图的表达——水彩

水彩具有良好的透气性和流动感，在景观设计表达中也经常使用。在使用时要特别注意水分的多少，图2.49利用水彩表现景区街道效果，画面整体，大胆舍弃了细节，显得大气。水彩表现时应注意留白，受光面采用留白或暖色，用蓝紫色系表现投影，画面冷暖对比强烈且具有光感。图2.49为水彩绘制的效果图，图2.50为手绘与电脑技术结合绘制的效果图。

图2.49　水彩绘制的效果图

图2.50　手绘线稿结合电脑上色的效果图

单元训练和作业

1. 作业欣赏

请欣赏图2.51。

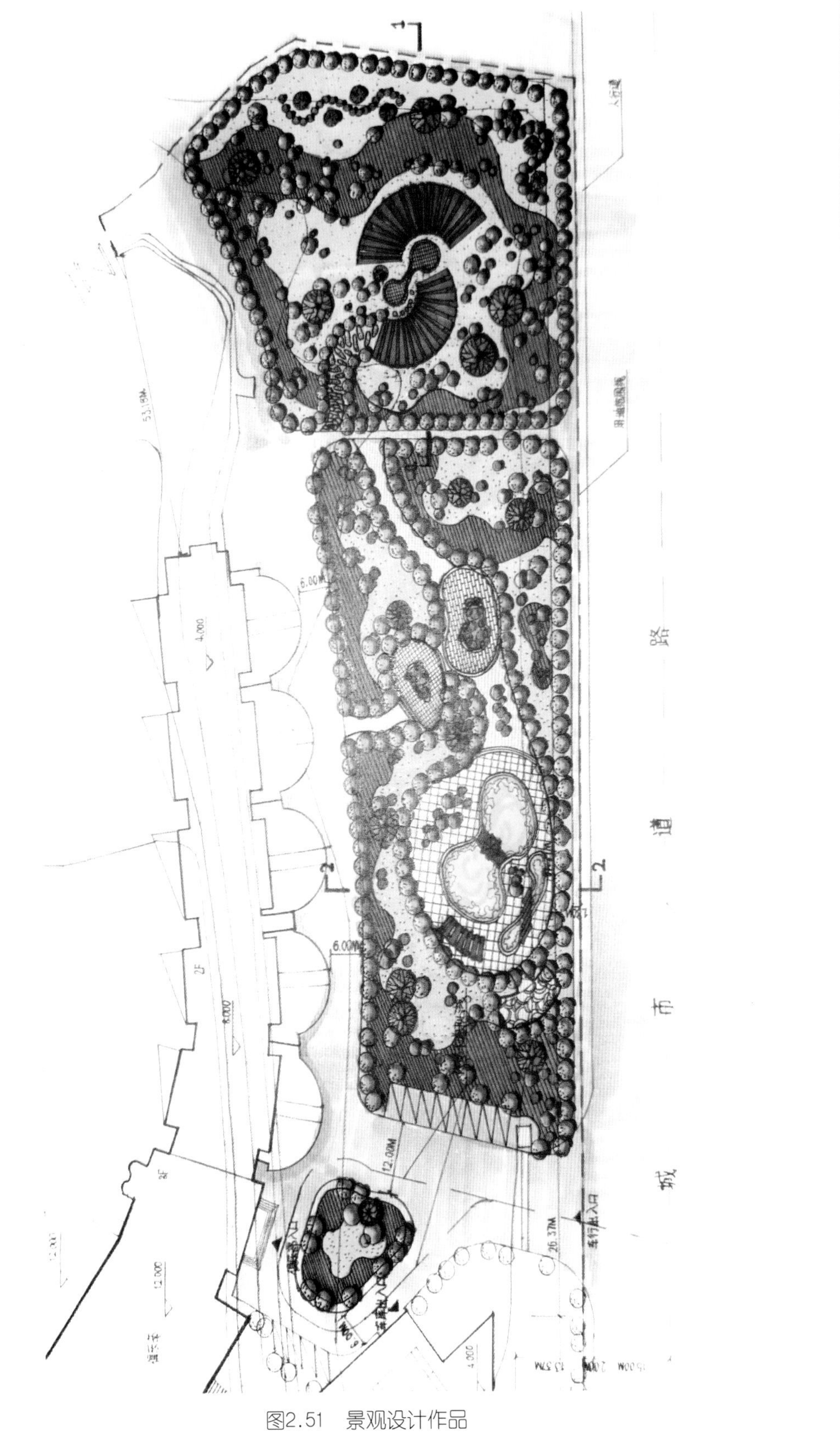

图2.51 景观设计作品

2. 课题内容：图面表达练习

课题时间：8课时。

教学方式：教师例举优秀的景观设计案例给学生观看，使大家了解在实际工程运用中景观设计的表现手法。再提供基地平面，让学生尝试进行简单的平面设计并转换成三维图像，表现自己的构思方案。

要点提示：景观设计的表现手法是多种多样的，不能要求大家都限定为一种表现手法，主要是起到引导学生掌握基础手法的目的。个人的风格会在后期随着训练增加而逐渐形成。

教学要求：

(1) 某小型场地景观设计。

(2) 掌握基本的图面表达手段，注意比例和透视。

(3) A3幅面。

训练目的：通过模拟练习，使学生初步掌握景观设计的表达手法，为以后的深入设计打下基础。同时与实际工程接轨，更好地适应以后的设计任务。

3. 其他作业

实地调查当地优秀的景观设计，采用拍照与速写结合的方式记录，并制作调研报告。

4. 本章思考题

景观设计的施工图形成原理是什么？

5. 相关知识链接

(1) 透视。

参见：赵航．景观．建筑手绘效果图表现技法[M]．北京：中国青年出版社，2006．

(2) 徒手表现。

参见：陈新生．建筑钢笔表现[M]．上海：同济大学出版社，2007．

要想熟练运用快捷、果断而又准确的线条来表达设计形象，离不开坚持不懈的努力和勤奋练习。在这个过程中不需要一味地去模仿某一种风格，个人的风格是在绘画的过程中自然形成的，造型的准确与生动才是钢笔画的关键。

第3章 景观设计思考

课前训练

训练内容：了解景观设计的基本思维形式，掌握和熟悉景观设计的流线形式和序列、景观设计的概念、构图模式和景观设计几种形式。学习景观空间的设计形式、逐步掌握景观空间设计概念、思考形式和形成过程。

训练注意事项：能够充分理解景观设计的基本概念，真正领悟景观设计的思考概念形式和方法，都能通过自己比较熟悉的居住区景观空间去理解景观设计的思考和方法。

训练要求和目标

要求：学生需要掌握景观设计的基本概念，掌握景观空间设计的流线和序列，熟悉景观空间设计思考的表达概念、模式和方法。

目标：根据设计的需求，对于具体的景观基址空间，能够根据其现状、地理环境、业主和社会经济发展的需求，进行功能上的分析、景观平面布局和安排，并恰当运用景观元素，满足主题性、概念性、功能性、生态性或综合性景观空间设计形式的要求。

本章要点

(1) 景观设计的基本思维形式。

(2) 景观设计的概念和形式。

(3) 景观设计概念思维过程及举例。

本章引言

当一个景观基址，现场展现在设计师的面前的时候，这个场所，这个基址，我们需要充分利用现有场地的地形、水资源、动植物环境以及人造景观建筑等进行取舍和改造，这里要对原有场地的不同时期建筑和景观的保护，要考虑人、自然和生态的和谐。在这些景观的营造过程中，反映着客户的需要、业主的需要以及社会的需要，而景观设计重点折射了设计对于功能、历史、生态的综合的平衡，并最终通过这个景观基址的改造、设计，形成一个整体的、有序的人文与生态的一种综合的景观形态。对于一个给定的场所基址，如何进行思考和表达呢？下面我们进行相关概念的研究和学习。

3.1 景观设计形态和序列

景观空间是由基本的景观如树木、山石、池塘等简单的基本形式和单元组成的，这种组成包含着一些个单体，它们成片合为一个整体景观，扩展成为园林或者公园。这里，景观的要素如树木、桥、亭、台、楼、榭等相互之间进行连接，形成一个连续的线，连接一个一个景观和节点的序列，这个序列的形成主导景观空间的游览和参观。不同的景观放在一个平面内，由于大小、高矮、审美等各种原因，竖向高度不同，形成丰富的空间形式，如高大乔木与低矮树木、草等高低不同植物结合形成立体、生态的种植系统，也容易形成独立的欣赏空间。景观空间的架构通过几何式的不同网格，用不同景观要素进行填充，形成不同的景观节点，又连片成为景面，序列的导航形成一个整体的景观。景观的平面构成有平面的对称式、自然式，还有混合式，现代景观表现为一种几何式的平衡与变化。

3.1.1 景观的流线和序列

具体的景点通过流线或路径进行连接，形成多种类型，这里的景点经由的流线有直线式、十字形式、交叉式，其中的多个直线相交的连线形式，形成景面和全景。各个景点通过线，直线、折线、曲线和波折线等进行连接，形成各自景物的联系方式，如图3.1所示。

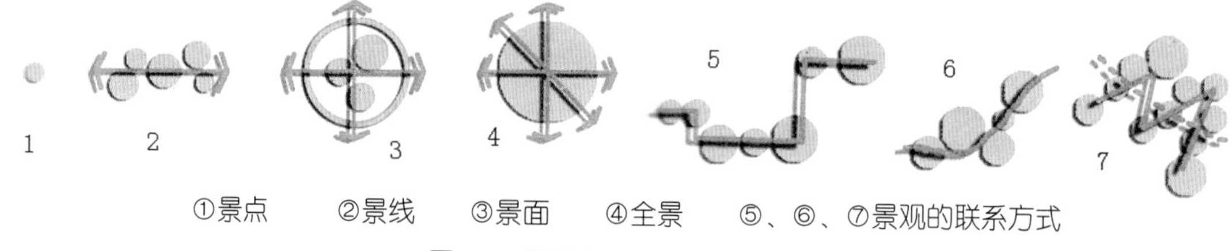

①景点　②景线　③景面　④全景　⑤、⑥、⑦景观的联系方式

图3.1　景观类型和景观联系方式

景点可能是一棵树，也可以是亭、台、楼、榭、柱、观景盒或者雕塑等。

景观的联系方式：通过式的一条线或者是网格状的联系，网格可能是含90°角的网格，也可能随机的一种三角形的网格的联系形式。

景观的分布构成：通过连线进行联系起来，由于景观大小、体量、质感和形象对比等的区别，显现出主次，连接的形式是单核心；或者景观与景物之间主次不明显，联系的流线又表现为非主次的无核心特点；还有一种就是景观景面等有大小、精致、地势高低变化等，有主次的区别，而且表现为多个主要的景观节点的共存，成为一种多核心的状态，如图3.2所示。

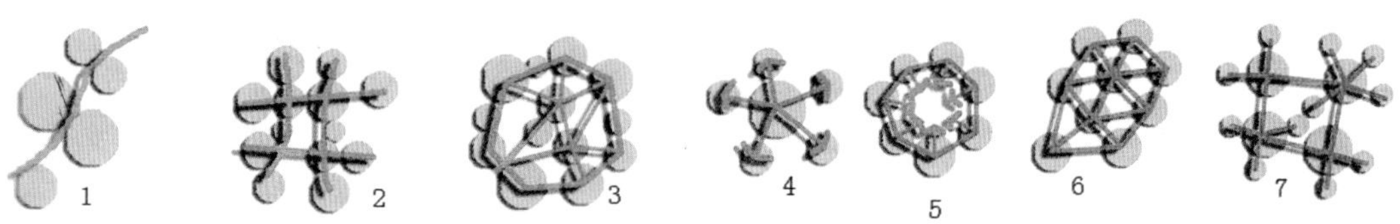

①、②、③景观的联系方式　④单核心　⑤无核心　⑥、⑦多核心

图3.2　景观联系方式和景观类型

3.1.2 轴线和序列

图3.3中水景景观的规划的特点是一轴两带，实际上是三条轴线。中间的轴线是主要的景观节点带，分布着不同的大小、主次的景观节点，形成景观的序列；两边轴线是所谓的水带，分别是沿水的景观布局展开的形式。沿着轴线的方向分别汇聚着不同的视线轴线上的焦点，这就是主体的景观了。

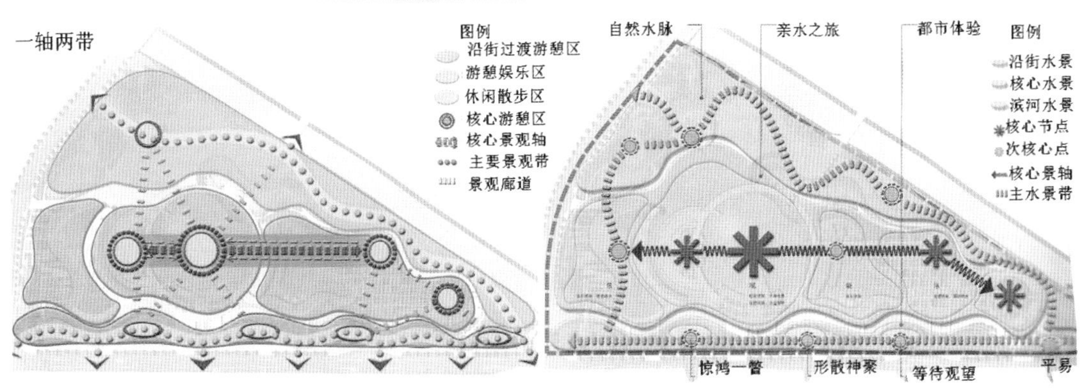

图3.3 轴线和序列

图3.4中“走线”、“驻留点”和“游览”的顺序如箭头方向所示；图3.5表明了各个树篱围合的封闭曲线相互联系的路径和时间顺序过程。

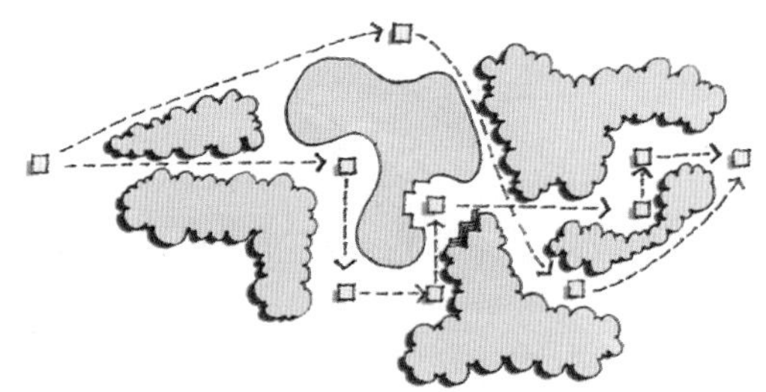

图3.4 景观空间序列

图3.5 索伦森的音乐花园方案

3.1.3 平面构图形式

1. 现代主义几何形式构图

图3.6是现代主义景观作品构图形式，此图说明了景观平面构图中采用从左向右的三分之一定律构图原则，(a)图表明水平划分上接近三分之一的划分，使构图布局不呆板；(b)图表明纵向方向在左右两边接近三分之一的逐级划分，同样是为了避免僵硬；(c)图显示了在上面划分基础上景观元素的布置形式，也应用着三分之一原则定律和方法进行构图和布局，体现了一种景观或园林布局变化、活泼和景观层次丰富的特点。图3.6体现一种现代主义景观设计几何化的特点。

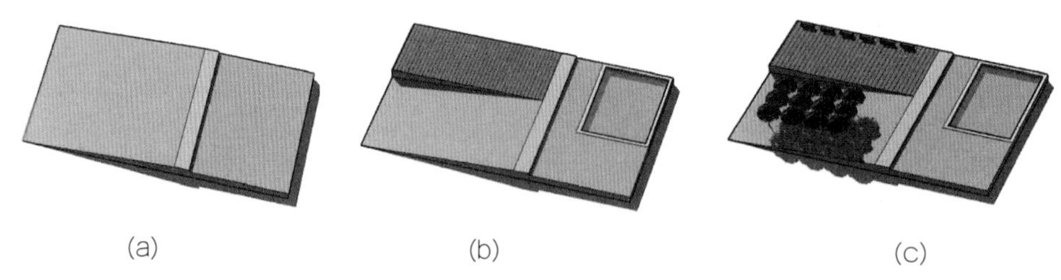

图3.6 现代主义景观平面构图

2. 轴线对称构图和自然式构图

图3.7中的景观构图的形式是以中心轴线为对称轴形成的左右两边对称的景观格局，主要突出的是以建筑为形象的严格轴线对称图形。正前方的是整齐的树阵广场，左右的以及后面的树木要素景观构成，表现为自然式的构图形式，但总体的景观构图格局是以中轴线为轴线的对称格局。

图3.7 轴线对称景观平面

3. 网格、何式构图形式

图3.8为美国彼得·沃克极简主义作品福特·沃斯市伯纳特公园平面图，此种景观构图格局以正方形网格和正方形对角线展开的斜线网格交错形成一种景观构图形式，表现为较为强烈的几何构图的形式。

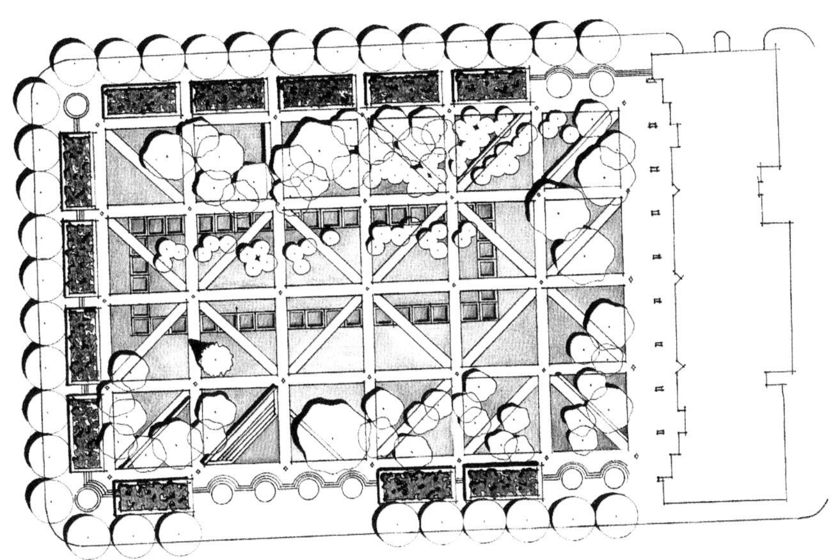

图3.8　网格、几何式景观构图

3.2　景观设计的概念形式

景观设计各要素组合的形式在一定的基址形状中，基本形是一定的，这个基本形就是一种“强形式”，在这个基本形中产生一种主题性的形状景观，这个主题性的景观就是一种人为的、要求的“强形式”，而存在于这个固有的基本形和主题性的景观之间的形状、形式等就是一种“弱形式”。与之相当的一种概念，犹如橡胶三角传送带一样，周长是不变的，所围合的形状却具有一种多样性，这就是“拓扑”的概念。景观设计的其他模式还有综合性概念模式，在一定的现场“基址”条件下，在一定的建筑条件下，在现状一定的植物条件下、地理条件下如山地、水、河流、水塘等，考虑到不同的室外的景观功能分区，这是功能性的概念；考虑到动植物和现状地理条件等情况下的景观设计，这是生态性的概念；在既定的 “基址”条件“形状”下，为了某种主题或者单纯的视觉“形状”的景观设计，这是“视觉形式”的概念；与此同时，兼顾了“功能”、“生态”和“形式”的概念，这就是“综合性”的概念。

3.2.1　“强形式”与“弱形式”组合

景观设计在功能上并不如建筑那样有非常强烈的要求，景观设计在空间设计中，通常表现为“调和”、“柔和”与“过渡”空间规划中高的硬质的建筑几何形体及其形体。因此景观设计更多地表现为建筑和建筑之间、建筑空间规划之间的一种后续设计或填充设计。可见，景观设计通常在一定的场地“基址”情况下，遵循地势、地理、植物、水文、环境条件，在建筑空间整体规划前提下的一种依照“建筑”的不变“强形式”，在一定的场地“基址”形状限定下的室外景观空间设计的组合设计。

“强形式”主要指具有强烈的几何形式的物体，如建筑、广场、构筑物等；“弱形式”主要指设计场地中，存在于基址上的形式弱化、柔化的物体，如植物等。“强形式”与“弱形式”经常同时存在，相互依存，有时各自表现的强烈程度不同而已。景观几何强弱形式概念如图3.9所示。

在“圆形主题”这种强烈的“圆形”形式要求下，在场地这种“基址”形状的限定下，周围安排了不同的植物，北方向用了针叶树，因为比较耐寒，并且不担心遮住了阳光，在东北方向安排了乔木，落叶的更好，夏天树木繁茂，冬天向阳；西面或者南面方向是低矮的灌木，有利于开阔视野，有利于座椅上的休憩。这种空间不同材质和高低层次的处理，有利于丰富空间感受。这也是“强形式”主题条件下合理的元素“补充”或“填补”，如图3.10所示。

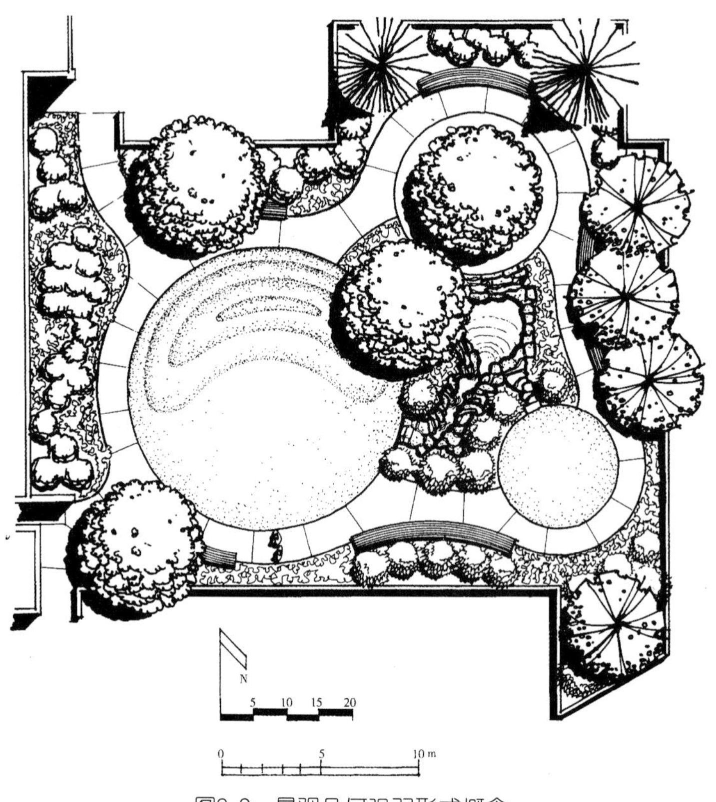

图3.9 景观几何强弱形式概念

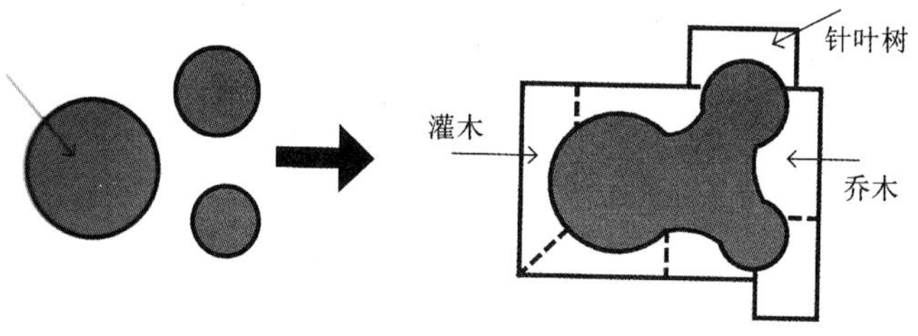

图3.10 景观“强形式”和“弱形式”的设计概念

3.2.2 景观设计元素“拓扑”概念组合

景观设计思考的基本形式是单元，表现为硬质景观单元，如广场；自然景观单元，如水单元中的池塘、树单元中的树阵，以及各种单元的组合，这种组合是并置或叠加形式，表现为一种纯粹的形式意义。其中这里的“硬质景观”表现为一种棱角分明的硬的几何形式，可以认定为一种“强”的形式，而自然景观单元，如水、草坪、树、土地等表现为一种“弱”的形式，两者之间存在着一定的依赖关系或对比关系，表现为强弱的转化和数量上的均衡，形式上的对比与变化。两者相互依存、相互斗争、彼此协调，而这一切都发生在“一定的”基址形状条件下，这就是“拓扑”的形式，这种形式表现为多样性。

“拓扑”是“研究几何图形在一对一的双方连续变换下不变的性质”。这里的场所“基址”大小一定，而且其中的“广场硬质”景观单元一定，表现为一种预定。通过道路的交通连接和布置形式将场所“基址”划分为几个部分，然后利用自然景观元素，如草地、山地、林地进行填充，表现为整体的对比和协调性，如图3.11所示。

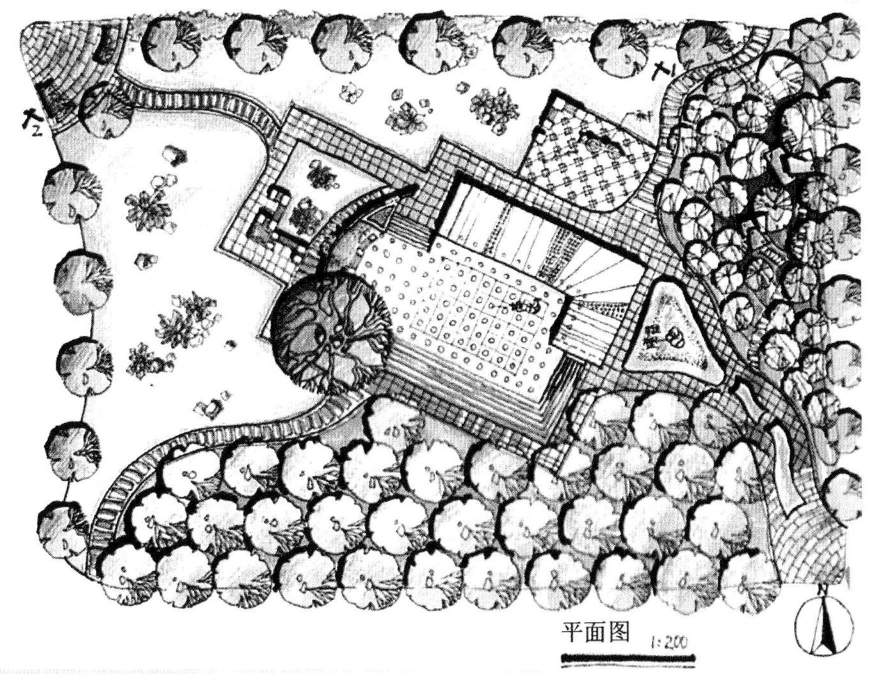

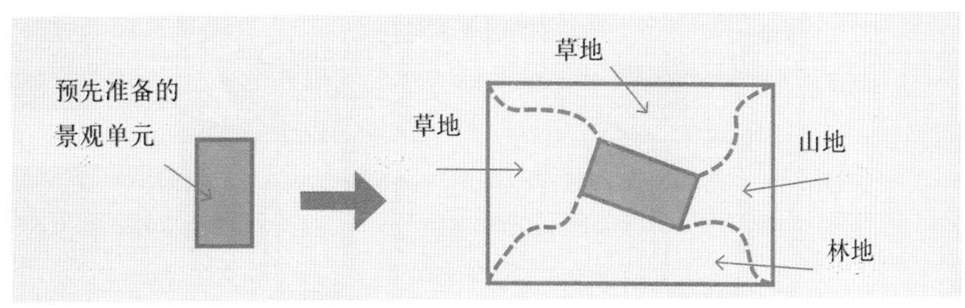

图3.11 景观“拓扑”概念设计

3.2.3 景观空间设计综合分析概念模式

1. 景观空间功能模式的分区与分析

功能分析：各种圆圈图形各自代表着不同的功能分区，图中线条类型的不同、箭头以及所知线条宽度的不同，分别表示各自不同的路径和主次区别。线段两端的箭头，分别指向两者功能联系的路径；波折性的带状表示一种某种绿篱、隔离或屏障；宽阔的箭头指向表示视觉和景观的视野方向；封闭的曲线图形或其他图形分别表示一种功能的分区。这里通过箭头、线段的连接，用不同功能分区的封闭曲线或各种箭头粗细形式表达景观路径的主次区别形式，就是通常用以进行景观功能和分区的概念思维的方式。

交通形式上有汽车通道、小通道、步道3种形式，住宅对外的交通和内部私密的交通空间形式不同，对外的是汽车道，内部的是步道；绿化形式上，植物种植形式有乔木、灌木、草坪等常绿和落叶结合的立体生态模式；娱乐空间有自由运动区、遛狗区等；空间格局有上升陡峭土堆、下沉的小庭院、逐渐上升的台地步道等，最后表现为综合的空间概念模式，如图3.12所示。

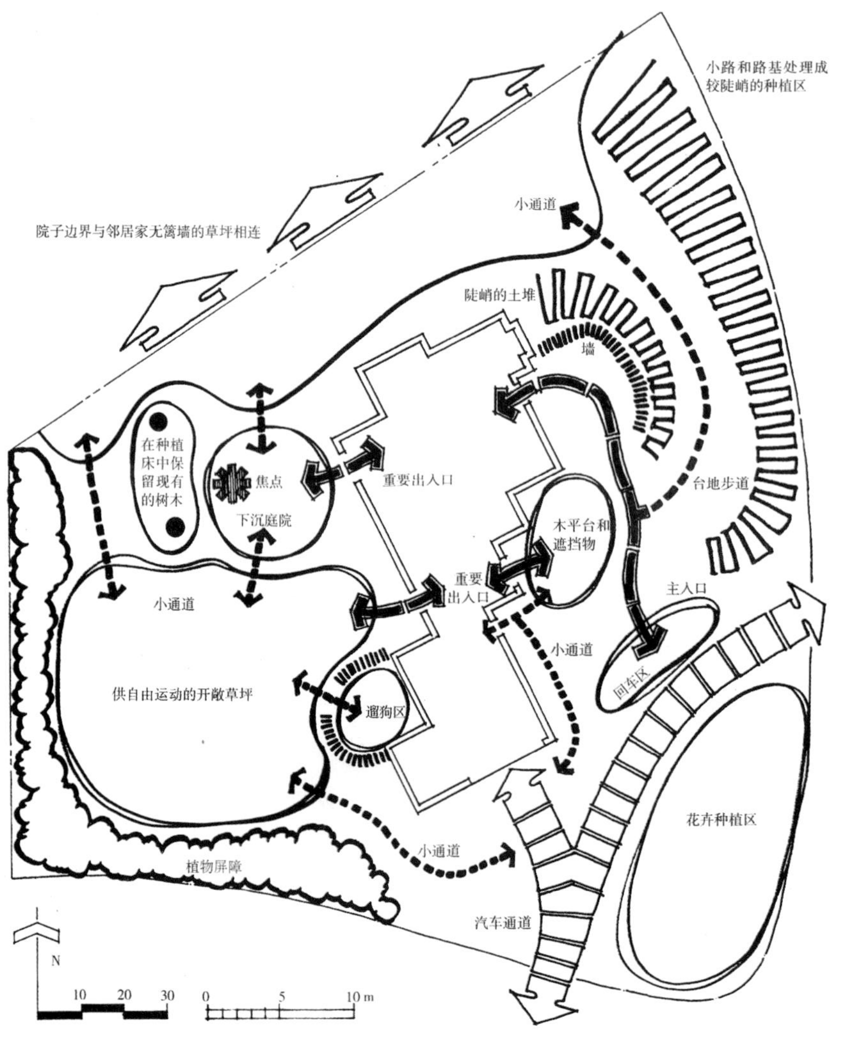

图3.12 角落地块花园概念性设计方案

2. 网格“形式”视觉模式概念的设计演变

网格框架构成的景观概念模式中景观空间形成，主要是一种主题构成的概念形式过程，网格围绕建筑主体，非常粗的线型是建筑的基础线型。左边是与建筑线型相平行的带等高线的90° 正方形的网格，右边是与建筑线型相平行的呈现135° 交叉网格，并且在上下和左右两边分别用了一个弯曲柔滑的粗壮的曲线，表示植物软质边界的界限。所有的建设发生在建筑红线的范围内，这是场所的限制和现状。这个过程由具体的景观功能分区确定的轮廓形状来界定，如图3.13所示。

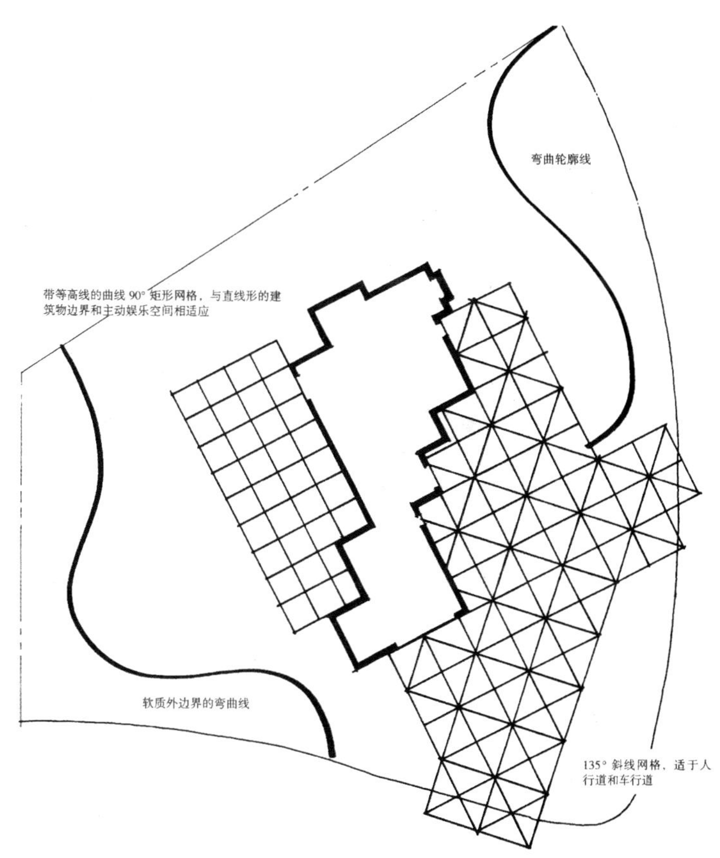

图3.13　角落地块花园主题构成图

3. 景观设计“拓扑”概念模式演变

在建筑红线范围内、建筑线型位置，以及分别在90° 和135° 网格框架下，进行了主题的确立，上下或左右各自一条粗放的软质界面的曲线位置，通过概念性图进行功能分析和确立，进一步通过沿建筑周围的硬质界面和软质界面的确立，画出各自的主体界限和位置，形成了形式的基本演变过程，如图3.14所示。

“基址”的基本形式和形状是一定的，斜线描绘的粗线型的建筑位置和形状也是一定的，其中的几条弯曲的“曲线”和曲折的“折线”形成一个固定的形式范围，在这个范围内，构建景观的要素，如乔木、灌木、草坪、步道、铺面等，并完成 “拓扑”添加的设计过程，可以预见，“拓扑”概念模式的景观设计方案结果不是唯一的，方案是多种形式的。

4. 综合概念模式景观设计——结合了功能、生态和形式视觉概念模式的演变

在主题思想确定的基础上，将道路交通系统、景观生态系统如景观周围的植物乔木、灌木、草坪环绕在建筑主体的周围，形成一种动静分区的景观空间格局。通过具体的刻画、阴影厚薄不同、不同的标高，表现出一处静谧的建筑景观空间环境。大树、小树、灌木和低矮的草坪以及步石分布、建筑材料等，由于树木的色彩不同、树叶差异，体现出不同的材料和质感，空间层次不同的体验。以上的演化和最后景观设计结果，表现为一种结合了功能、交通、生态、形式美感等综合形成的景观设计，如图3.15所示。

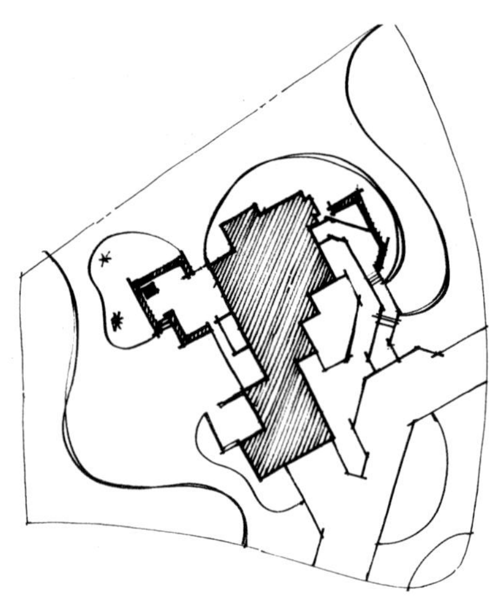

图3.14 角落地块花园，形式演变图

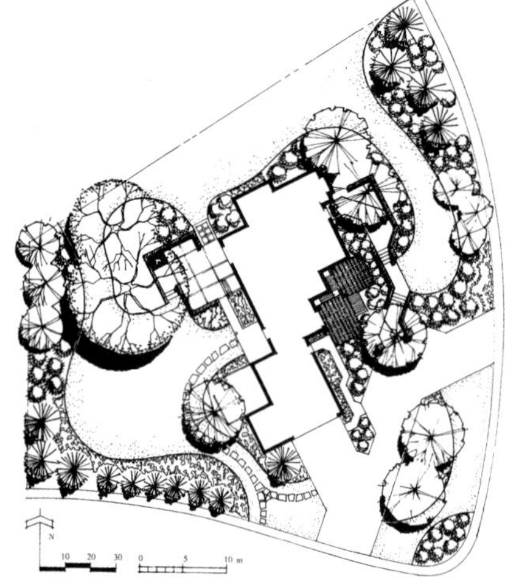

图3.15 角落地块花园最终的设计图

综合概念模式结合了功能概念模式、形式视觉模式和生态模式，是3种及其以上模式的综合形式。

5. 角落地块花园概念性设计方案的局部图景

角落地块花园概念性设计方案的局部图景如图3.16和图3.17所示。

图3.16 角落地块花园后院平台(有墙垣和台阶的院子)

图3.17 角落地块花园(有步石布置在草坪中间的后院)

3.3 景观设计思维过程

景观空间的形成是景观现状思维和社会需求发展的产物。景观设计思维过程包含了从确定某个场址的“基址”开始，经过现场勘测得到地理环境数据，现状的植物状

况，水系状况、山地，以及原有的建筑现状等，并以此为基本的条件，以业主的要求和社会需求的发展为导向，最后的景观设计结合了功能分析，包括了交通分析、空间分析、景观节点的合理分配，视觉流线的安排取舍，景观要素的合理配置，最终形成合理的方案。

3.3.1 景观设计思维的过程

景观空间设计思考的基础是原有的基址状态，包括基址的原有地形、植被、建筑、水系等环境条件，在此基础上进行的户外景观空间的设计和表现。景观空间的设计有多种形式，根据人们对于景观价值的需求，表现为视觉美的追求、形式和概念几何构成；表现为功能空间的划分；表现为生态景观美学价值的追求；还表现为综合价值景观。

景观基址原有状态和新的需求概念图是相关的，通过不同形式、不同粗细的波折线、点化线等形式对景观现存的墙垣、现存的篱笆、现存的草坪进行图解，在这些现存的景观元素围合的空间中，充分利用现有的资源，并分别设置交通路线和重要的曲折“水流”、汀步、休息的座椅，座椅是两个面对的石头，突出“对话”的主题思想。周围的植物，从高大的落叶阔叶乔木，到常绿的针叶乔木、低矮的灌木丛、草坪和粗糙硬质的石步道，通过一个交通的轴线形式和重点的景观水系形式形成一个复杂而私密的感性空间，如图3.18(a)所示。图3.18(b)中粗壮的曲线和锯齿纹般封闭的白碎石路径，通过含90°角网格布置象征性的桥梁。三条粗壮曲线标示着用篱笆、木桩等作挡土墙，形成不同高低的地势高差，呈现空间的丰富和变化。

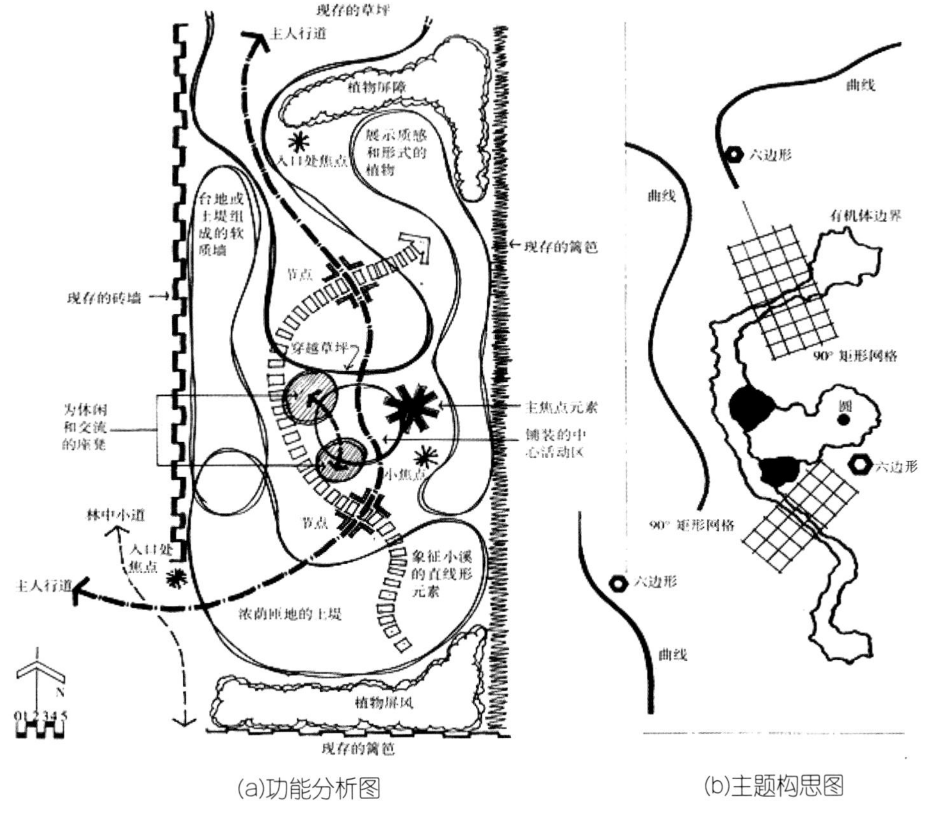

(a)功能分析图 (b)主题构思图

图3.18 日式洗手钵的对话

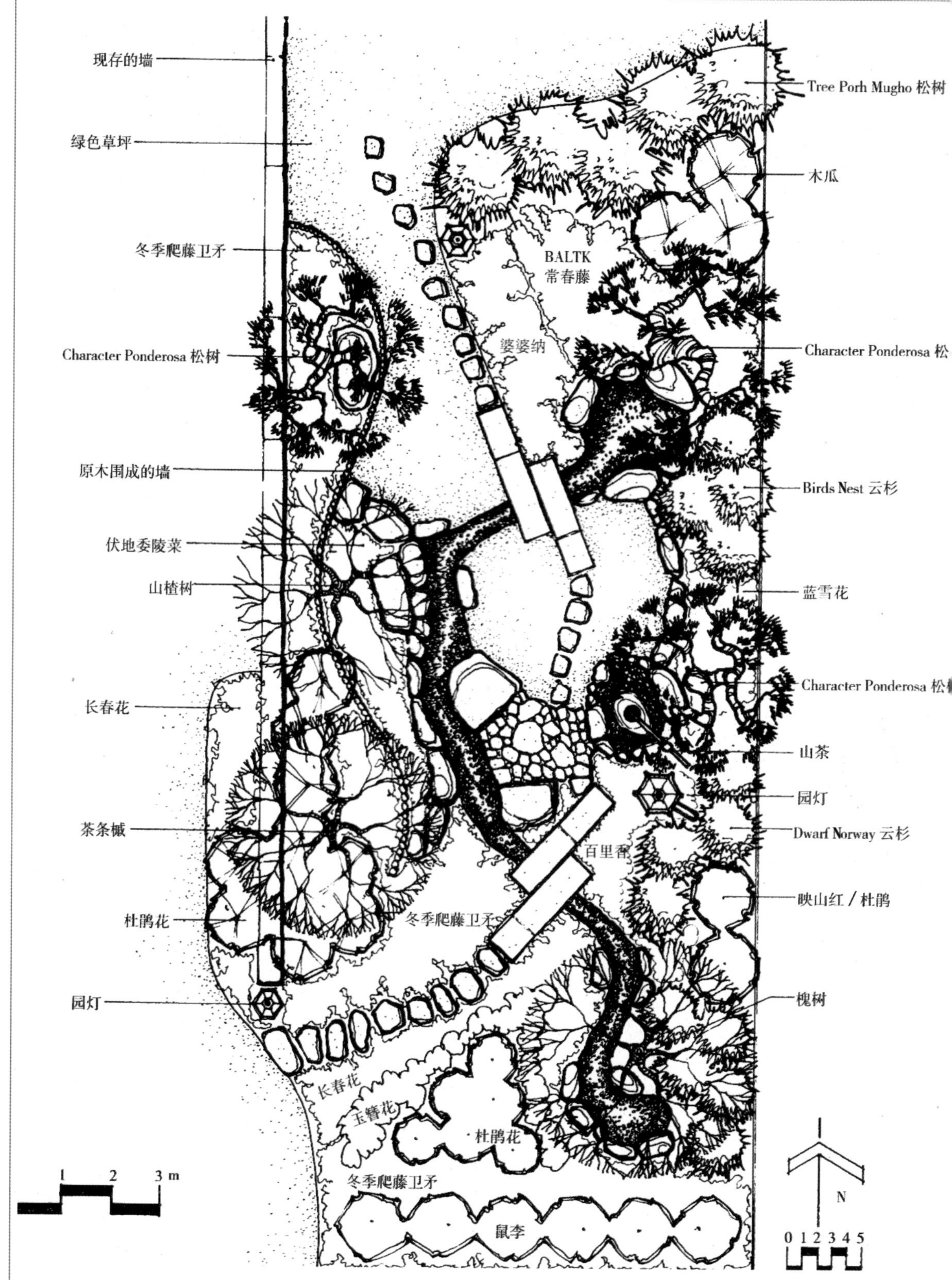

图3.19　日本洗手钵的对话最终的设计方案

图3.19中的景观设计通过充分利用原有的植被草坪，充分展现“日本洗手钵的对话”庭园的禅意、质朴、地域性和自然性。通过日式园林风格固有的风格，当地的石块、白碎石铺地形成宛如河流的形状，体现一种“枯山水”的特点，松树苍翠、洗手钵的流水叮咚、日式石圆灯，相对而设的石凳，连续的石凳道，木桩围合的台地和常春藤、婆婆纳等当地植物树种，形成质朴和传统的禅意。

3.3.2 景观设计思维过程举例

1. 长江之滨某区域景观规划及改造

长江之滨某区域景观规划及改造原始场地图、功能结构图、道路交通图及景观视线图如图3.20所示。

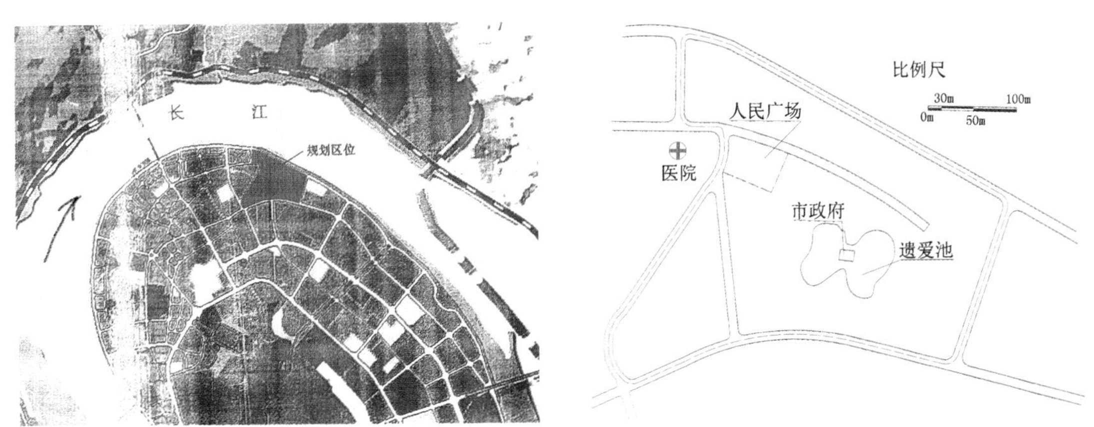

(a)原始场地图

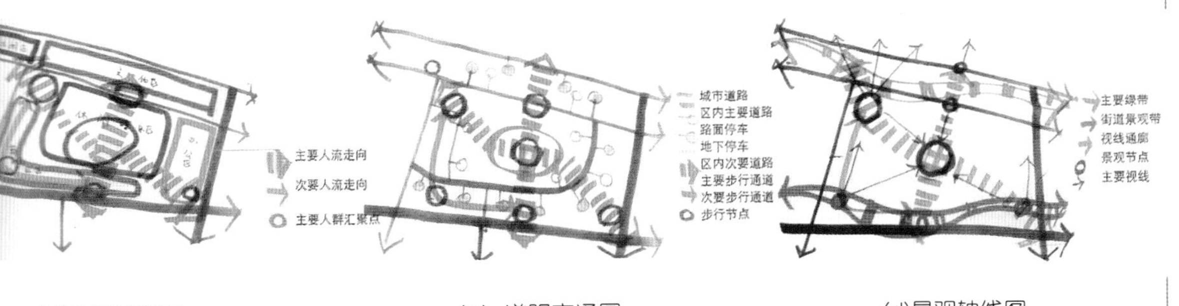

(b)功能结构图　(c) 道路交通图　(d)景观轴线图

图3.20　景观规划及改造示意图

规划区位的建筑规划，景观通过景观单元，乔木、灌木和草坪等绿化组织，通过广场和游览道路系统轴线组织景观廊道。通过水塘、河渠等丰富景观空间层次，如图3.21所示。

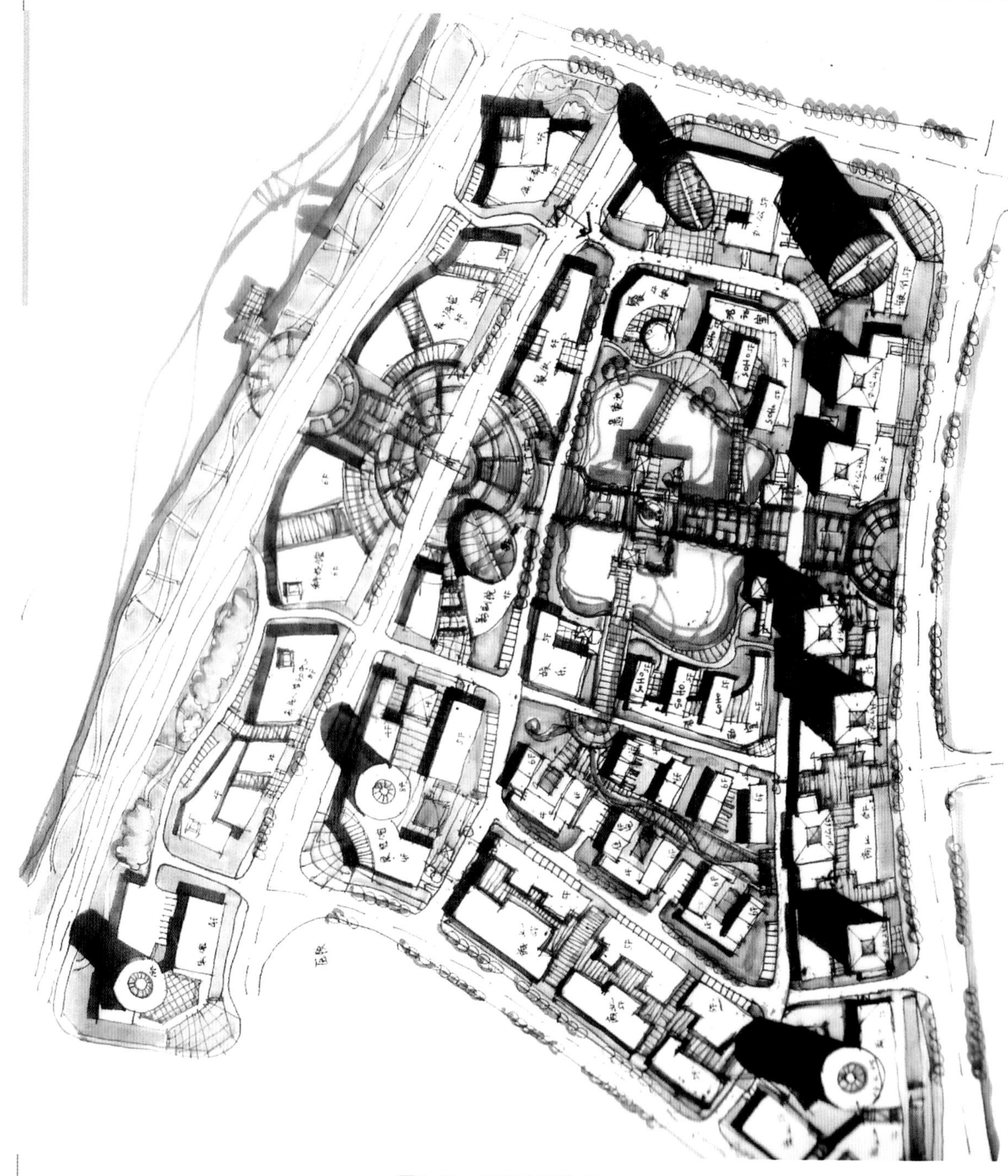

图3.21　景观轴线分析

2. 某区域城市规划部分的景观设计

某区域城市规划部分的景观设计如图3.22和图3.23所示。

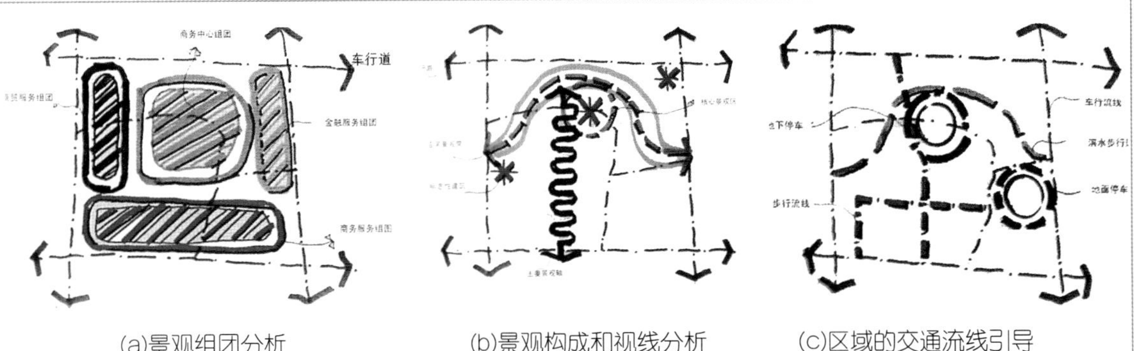

(a)景观组团分析　　(b)景观构成和视线分析　　(c)区域的交通流线引导

图3.22　某区域城市规划部分的景观设计图

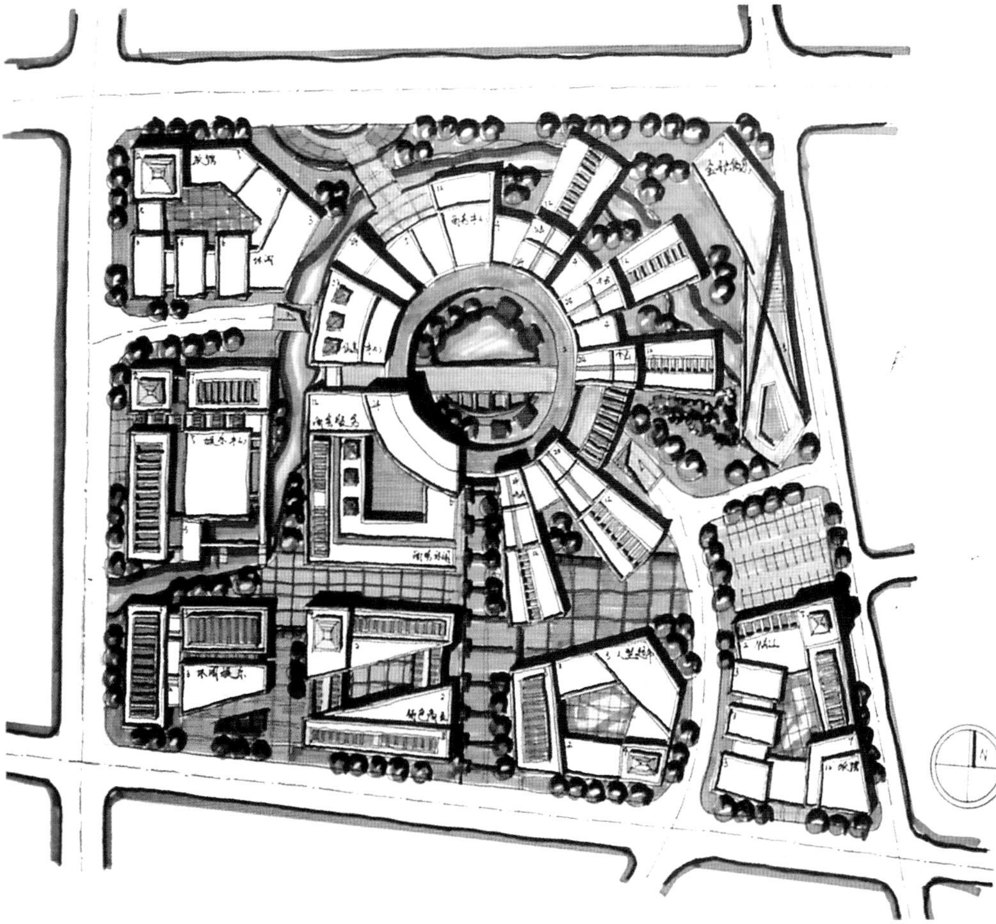

图3.23　城市区域规划中景观、绿化、交通路线总平面图

功能组团分析：表明了商务中心组团、商务服务组团和金融商务组团等的功能分区；景观构成分析：围绕这些功能组团的景观轴线和水带轴线，分别连接着大小不同的3个景观节点；景观交通流线分析：交通流线围绕着商务组团，广场上的轴线、商业街铺装道路轴线和水带沿线的道路轴线。但其中的容积率过高，绿化较少，这也是不足之处。

单元训练和作业

1. 作业欣赏

请欣赏图3.24。

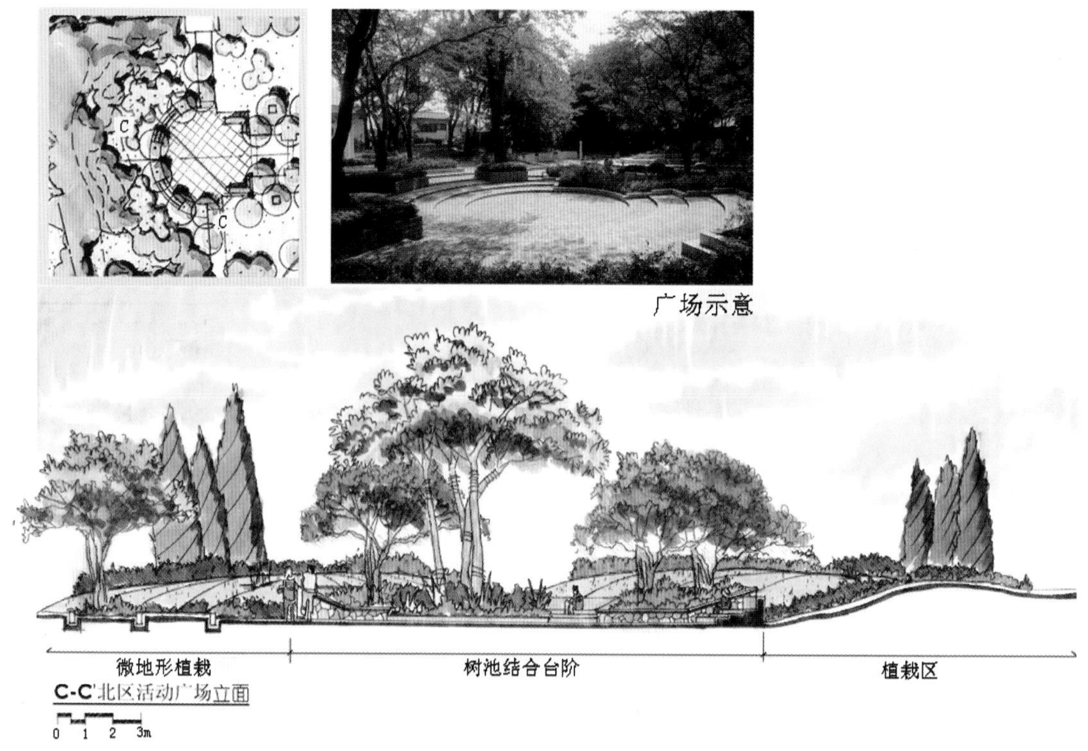

图3.24 某住宅小区局部广场的景观设计

2. 课题内容：标准场地设计练习

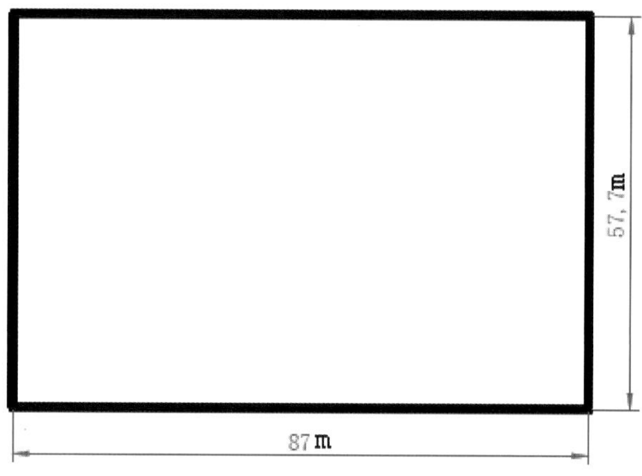

图3.25 场地图

在一个长方形面积为5000m^{2}的场地内(图3.25)，要求在此场地中设计一个社区居民日常休闲的空间，可适当安排一些必须的服务设施。请画出总平面图，交通、绿化、景观节点分析图草图，主题景观透视图1～2张或节点详图2～3张，剖面图2张，位置自定，设计说明不少于120字，效果图表现以马克笔表现形式为主，注意尺寸和材料的标注与注解，并配分析图，比例自定，纸张A1大小或硫酸纸若干，时间为8小时或8课时。

课题时间：以快题形式出现8课时；以专题形式出现16课时，使用计算机和手绘均可。

教学方式：使用多媒体图片及文字进行注解，重点点评。

要点提示：突出景观设计的基本概念、设计分析和过程、设计方案的产生。

3. 本章思考题

(1) 如何理解景观设计的空间序列?

(2) 如何理解景观设计的平面上的概念形式?

(3) 景观设计的思维过程包含了哪些内容？如何理解?

4. 相关知识链接

（1）景观空间序列

参见：徐振，韩凌云．风景园林快题设计与表现[M]．沈阳：辽宁科学技术出版社，2009．

（2）景观空间平面的概念形式

参见：张翼，鲍戈平，张诗奕．快题考试实战教程[M]．南京：东南大学出版社，2012．

景观设计的如何进行思考？需要从景观的空间入手，掌握景观空间的形成的序列，通过理解和掌握景观设计的平面构成形式，景观设计过程的构思综合过程，这样掌握基本的方法。通过不断的练习和总结，养成景观设计的思考习惯和工作方法。

第4章 景观小品设计

课前训练

训练内容：通过对景观小品基本概念的了解，学习并设计各种类型的景观小品。利用给定的景观空间，根据各类景观小品的不同特点进行草图设计；并绘制景观小品的三视图及透视效果图。

训练注意事项：建议每位同学能够拓展想象，注意人机尺寸和材料，重点是结合环境进行设计。

训练要求和目标

要求：学生需要掌握景观小品的设计原则，熟悉各类景观小品的特点并能够熟练运用。

目标：根据设计的需求，对于不同类型景观空间，能够根据其特点风格，进行各类景观小品设计，并运用恰当方式进行设计表达。

本章要点

(1) 景观小品的基本分类及特征。

(2) 设计景观小品的方法。

(3) 景观小品设计的表达方式。

本章引言

景观小品是景观中的点睛之笔，一般体量较小、色彩单一，对空间起点缀作用。小品既具有实用功能，又具有精神功能。但目前在我国，景观小品的精神功能常常被忽视，粗制滥造，缺乏美感。其实，景观的总体效果是通过大量的细部艺术加以体现的。好比给一个人化妆，如果他的眉毛画得不合适，那么就会影响整体妆容。因此，景观中的细部处理一定要做到位，因为在大的方面相差不大的情况下，一些细节更能体现一个城市的文化素质和审美情趣。

4.1 景观小品的基本概念

景观中的基本名词是石头、水、植物、动物和人工构筑物，它们的形态、颜色、线条和质地是形容词，充当句子状语，这些元素在空间上的不同组合，便构成了句子、文章和充满意味的书。一本关于自然的书，关于这个地方的书，以及关于景观中的人的书。什么是景观小品呢？有人认为，它无非就是放置在室外环境中的艺术品。但放在室外环境当中的非常个人的、纯粹的艺术创作几乎不存在任何普遍性的因素，这并不是纯粹意义上的景观小品。景观小品充实了景观空间的内容，代表了景观空间的形象，反映了一个城市特有的景观风貌和人文风采。

4.1.1 景观小品的定义

虽然艺术是个老话题，然而一旦将艺术与环境整体性、人类文化研究联系起来，并在艺术和设计形态之间建立一种不可分割的关系，那么艺术研究就会被赋予新的意义，并对景观设计产生巨大的影响。景观中的艺术作品同其他的艺术形式相比，更加注重公共的交流、互动，注意社会精神的体现，将艺术与自然、社会融为一体，将艺术拉进大众之中，通过雕塑、壁画、装置以及公共设施等艺术形式来表现大众的需求和生活状态。所以，从某种意义上来说，室外景观小品就是人们所说的公共艺术品。景观小品是园林环境的组成部分，它们有着各自不同的使用功能，都是作为组景的一部分，起着组织空间、引导游览、点景、赏景、添景的作用。景观小品中有一部分属于公共艺术范畴，公共艺术承担着弘扬民族和地域精神文化、陶冶情操的作用。

4.1.2 景观小品在景观设计中的作用

景观小品表现了景观的气质和风格，显示出城市的经济状况，是社会发展和民族文明的象征。随着社会的发展、生活方式的改变，现代人在期望现代物质文明的同时，也渴求精神文明的滋润。景观小品在高度文明的社会环境中，发挥着极其重要的作用。人们的生活离不开艺术，艺术体现了一个国家和民族的特点，表达了人们的思想情感。而在景观设计中，艺术因素仍然是不可或缺的，正是这些艺术小品及设施，成为让空间环境生动起来的关键因素。由此可见，景观环境只是满足实用功能还远远不够，景观小品的出现提高了整个空间环境的艺术品质，改善了城市环境的景观形象，给人们带来美的享受。室外环境艺术品的主要功能有以下几点。

1. 标示区域特点

优秀的景观设施与小品具有特定区域的特征，是该地文化历史、民风民情以及发展轨迹的反映。通过这些景观中的设施与小品，可以提高区域的识别性。

2. 实用功能

景观小品尤其是景观设施，其主要目的就是给游人提供在景观活动中所需要的生理、心理等各方面的服务，如休息、照明、观赏、导向、交通和健身等。

3. 提高整体环境品质

通过这些艺术品和设施的设计来表现景观主题，可以引起人们对环境和生态以及各种社会问题的关注，产生一定的社会文化意义，改良景观的生态环境，提高环境艺术品位和思想境界，提升整体环境品质。

4. 美化环境

景观设施与小品的艺术特性与审美效果，加强了景观环境的艺术氛围，创造了美的环境。

4.1.3 景观小品的分类

景观小品与设施在景观环境中表现种类较多，分类方法也不尽相同。大体上可分为建筑小品、生活设施小品和道路实施小品。目前我国的景观小品分类见表4-1。

表4-1 目前我国的景观小品分类

序号	设施类别	A.基础整备阶段	B.充实整备阶段	C.发展整备阶段
1	安全性设施	消火栓、火灾报警器、街灯、步车隔离带、人行道	交通标识、信号机、横断人行道、街桥、地下道、无障碍通行设施、自行车道、护柱、路栅	噪声及污染显示器、步行街、照明塔、机动车辆专用道路(或高架桥)
2	便利性设施	饮水场所及设施、公厕	自动售货机、自行车停放场、汽车停车场、自行车停放架、邮筒、加油站、公共汽车站	立体停车场、立体自行车停放场(架)、儿童游戏设施、街亭(廊)、候车廊
3	快适性设施	卫生箱、烟灰皿、花坛、休息坐椅(少量的)	绿地、道路树、地面铺装、休息坐椅(大量的)、园林灯	喷泉、水池、雕塑、游乐设备、健身设备、标塔、领域大门、装饰照明
4	情报性设施	路牌、路交通标识、公用电话揭示板、告示牌、揭示板	公用电话亭、计时设备、街区地图、交通标识系统、橱窗、展示窗	自动问路机、问讯亭、现代信息显示器、超大屏幕电视
5	管理性设施及城市设施	电柱、水塔、垃圾箱、变电器	广播电视塔、加油站排气塔、变电箱、配电箱	观光塔、树篦子、除雪设备

4.2 建筑小品

景观中的建筑小品是附属于建筑物外部的尺度较小但又相对独立的设施，包括小型建筑物、陈设、设备和艺术雕塑品等。中国传统的建筑小品有祭坛、图腾柱、日晷、照壁、塔等。现代生活的建筑小品有候车廊、过街桥、街灯、健身设施、花架、花池、凉亭、雕塑等。建筑小品尺度不大，地位不显赫，但在园林景观环境中发挥着重要的作用。

4.2.1 构筑物小品

通常情况下，所谓构筑物就是不具备、不包含或不提供人类居住功能的人工建造物，比如水塔、水池、过滤池、澄清池、沼气池等。一般具备、包含或提供人类居住功能的人工建造物称为建筑物。在景观设计中，构筑物小品常常指的是亭廊。

1. 亭

亭的主要功能是遮阳避雨，有良好的观赏条件，即由内向外好看。因此亭要设在能观赏风景的地方。亭也是景观的组成部分，所以亭的设计要与周围环境相协调，自身应具有观赏作用。亭的建筑材料多使用木材、混凝土、钢材、石材、拉膜等。设计类型有山地设亭(中、小型的景观，如果周围绿化封闭较好，并有优美的借景，将亭设在山顶或山脊处，很易形成该园的构图中心)及水边和水上设亭(水面较小，亭宜设在临水或水中，体形宜小；水面较大时，常在长桥上设桥亭，结合划分空间)。

亭体量小，平面严谨，有三角形、正方形、长方形、六角形、八角形以及圆形、扇形，由简单到复杂，基本上都是规则几何形体，或再加以组合变形。一般的亭只作休息、点景之用，因此体量上不宜过大、过高。亭的平面布局一种是终点式，设一个出口；一种为穿越式，设两个以上出口。

2. 廊架

廊本来是作为建筑物之间的联系而出现的，中国属木构架体系的建筑物，一般建筑的平面形状都比较简单，经常通过廊、墙等把一幢幢的单体建筑组织起来，形成空间层次丰富多变的中国传统建筑特色。 廊的材料多使用木材、混凝土、钢材、石材等。廊的设计可以分割空间方式：采用漏景、障景等手法，要因地制宜，结合自然环境。 廊位置一般选择在人流集散地。在内部空间的处理上可以增加台阶，也可在廊内做适当的横断。

不同类型的廊架如图4.1～图4.4所示。

图4.1　木质廊架

图4.2　具有休闲功能的廊架

图4.3　造型简约的廊架

图4.4　构成感强烈的廊架

4.2.2　雕塑

雕塑是指用传统的雕塑手法，在石、木、泥、金属等材料上直接创作，反映历史、文化、思想和追求的艺术品。雕塑分为圆雕、浮雕和透雕3种基本形式，现代艺术中出现了四维雕塑、五维雕塑、声光雕塑、动态雕塑和软雕塑等。装置艺术是“场地+材料+情感”的综合展示艺术。艺术家在特定的时空环境里，将日常生活中的物质文化实体进行选择、利用、改造、组合，以令其表现出新的精神文化意蕴的艺术形态。

标志性和娱乐性的雕塑分别如图4.5和图4.6所示。

图4.5　标志性的雕塑

图4.6　娱乐性的雕塑

4.2.3　花坛及树池

1. 花坛

花坛在环境中可作为主景，也可作为配景。形式与色彩的多样性决定了它在设计上也有广泛的选择性。花坛的设计首先应在风格、体量、形状诸方面与周围环境相协调，其次才是花坛自身的特色。例如，在民族风格的建筑前设计花坛，应选择具有中国传统风格的图案纹样和形式；在现代风格的建筑物前可设计有时代感的一些抽象图案，形式力求新颖，再考虑花坛自身的特色。

2. 树池

城市街道中各种树木起着遮阳蔽日、美化市容的作用。当在有铺装的地面上栽种树木时，应在树木的周围保留一块没有铺装的土地，通常把它叫树池或树穴。通过对收集到的园林树池处理方式进行归纳、分析发现，当前园林树池处理方式可分为硬质处理、软质处理、硬软结合3种。行道树为城市道路绿化的主框架，一般以高大乔木为主，其树池面积要大，一般不少于1.2m × 1.2m。对于分车带树池，为分割车流和人流，利于交通管理，常采用抬高树池30cm，池内填土，种植黄杨、金叶女贞等低矮植物。各种树池的制作材料也是多种多样的，如FRP(玻璃纤维增强塑料)、GRC(玻璃纤维增强混凝土)、混凝土、仿石混凝土、木材、不锈钢、铸铁等。

图4.7和图4.8所示分别是两种不同类型的树池。

图4.7　带照明功能的树池

图4.8　金属和鹅卵石结合的树池

4.3　生活设施小品

生活设施小品是为人们提供生活服务的设施，目的是为了更好地体现功能，完善城市建设，在景观设计中占有非常重要的作用，其使用对象是人，因此在设计时要考虑到人体工程学的运用。景观小品有时候被称为城市家具，这也是主要体现在生活设施小品上。

4.3.1　休闲座椅

座椅是景观环境中最常见的室外家具种类，为游人提供休息和交流的场所。景凳的首要功能是休息，方便人欣赏周围景物。但在景观设计中，椅子不仅作为休息、赏景的设施，而又作为景观装饰小品，以其优美精巧的造型点缀园林环境，成为园林景物之一。在景观中恰当地设置椅，将会加深景观意境的表现。

设计时，首先选择在需要休息的地段，结合人的体力，按一定行程距离或经一定高程的升高，在适当的地点设置休息椅。有大量人流活动的园林地段，就有设置休息园椅的需要，如各种活动场所周围，出入口、小广场周围等，均宜布置。路边的座椅应离路面一段距离，避开人流，形成休息的半开放空间。景观节点的座椅设施应设置在面对景色的位置，让游人休息的时候有景可观。

座椅的形态有直线构成，制作简单，造型简洁，给人一种稳定的平衡感；有曲线构成的，柔和丰满，流畅，婉转曲折，和谐生动，自然得体，从而取得变化多样的艺术效果，如图4.9所示；有直线和曲线组合构成的，有柔有刚，形神兼备，富有对比变化，完美结合，别有神韵，如图4.10所示；有仿生与模拟自然动物植物形态的座椅，与环境相互呼应，产生趣味和生态美。座椅应尽可能与其他城市设施成组放置，如电话亭、报刊栏、垃圾箱、饮水器等。应尽可能避免设置面对面的座椅。

图4.9 小型座椅

图4.10 景观座椅

由于园椅主要用途是供游人就坐休息，所以要求园椅的剖面形状符合人体就坐姿势，一般椅子的尺度要求为：坐板高度350～450mm，坐板水平倾角6°～7°，椅面深度400～600mm，靠背与坐板夹角98°～105°，靠背高度350～650mm，坐位宽度600～700mm/人。

4.3.2 垃圾箱

垃圾箱是环境中不可缺少的景观设施，是保护环境、保持卫生的有效措施。垃圾箱的设计在功能上要注意区分垃圾类型，有效回收可利用垃圾，在形态上要注意与环境协调，并利于投放垃圾和防止气味外溢。

4.4 道路实施小品

对整个城市中道路的功能做划分，可分为交通功能和空间功能。其中交通功能主要包括通行功能和途径功能，通行功能就是为了让行人能安全、迅速、舒适到达目的地所具备的一种功能。途径功能是指准确地从道路到达目的地的建筑物。以上两种功能统称为交通功能。其次的空间功能是指作为城市的神经和血管，在为公共设施提供场所的同时，可以保障城市中各类建筑的通风采光，另外当发生灾害时，也可发挥其作为阻挡带、避难路等开敞空间的功能。而道路作为人们交流、休息、散步的场所，这种空间的功能是自然而然的。

4.4.1 灯具

灯具也是景观环境中常用的小品，主要是为了方便游人夜行，点亮夜晚，渲染景观效果。景灯既有照明功能，又有点缀装饰园林环境的功能。因此，要保证晚间游览活动的照明需要，又要以其美观的造型装饰环境，灯光将衬托各种园林气氛，使园林意境更富有诗意。灯具种类很多，分为路灯、草坪灯、水下灯以及各种装饰灯具和照明器。

一般设在园林绿地的出入口广场，交通要道、园路两侧及交叉口、台阶、桥梁、建筑物周围、水景喷泉、雕塑、花坛、草坪边缘等。在居住区，主要供行人和非机动车通行的居住区道路的照度值是由通过的行人数量确定的。根据园林环境地段的不同，对灯具有不同的照度要求，如出入口广场等人流集散处，要求有充分足够的照度，而在安静的散步小路则只要求一般照度即可。保证有均匀的照度，首先灯具布置的位置要均匀，距离要合理；其次，灯柱的高度要恰当。灯柱高度：水平距离=1：12～1：10为宜。如高度为3m的灯具，其布置的间距宜为30～36m。

灯具的设计要求功能齐备，光线舒适，能充分发挥照明功效；艺术性要强，灯具形态具有美感，光线设计要配合环境，形成亮部与阴影的对比，丰富空间的层次和立体感；与环境气氛相协调，用“光”与“影”来衬托自然的美，并起到分割空间，营造氛围的作用；保证安全，灯具线路开关乃至灯杆设置都要采取安全措施。

图4.11和图4.12体现了灯具的不同作用。

图4.11 灯具能增强景观的序列感

图4.12 灯具使景观在夜晚焕发生机

4.4.2 候车亭

由于休息设施多设置在室外，在功能上需要防水、防晒、防腐蚀，所以在材料上多采用铸铁、不锈钢、防水木或石材等。

候车亭能反映城市的风貌，如图4.13所示。

图4.13　候车亭反映城市的风貌

4.5　水景设施小品

明袁中郎谓："水突然而趋，忽然而折，天回云昏，顷刻不知其千里，细则为罗谷，旋则为虎眼，注则为天坤，立则为岳玉；矫而为龙，喷而为雾，吸而为风，怒而为霆，疾徐舒蹙，奔跃万状。"水景设计在景观设计中是非常重要的一环，使景观环境产生声音、动感和生命。水景的呈现形式主要有以下几种。

4.5.1　置石

水中置石对水的流动产生影响。第一种是自然式流淌，在以水为主景的日本园林溪流中，为尽量展示流淌、小河流的自然风格，常设置各种主景石，如隔水石、切水石或破浪石、河床石。日本园林中流淌的坡势依流势而设计，急流处为3%左右，缓流处为0.5%～1%。明确溪流的功能，对游人可能涉入的溪流，可游泳的溪流，应安装过滤装置。为使庭园更显开阔，可适当加大自然式溪流的宽度，增加曲折。

第二种是瀑布，通常指人造的立体落水。瀑布按其跌落形式分为滑落式、阶梯式、幕布式、丝带式等多种，并模仿自然景观，采用天然石材或仿石材设置瀑布的背景和引导水的流向(如景石、分流石、承瀑石等)。同一条瀑布，如其瀑身水量不同，会体现出从宁静到宏伟的不同气势。循环设备与过滤装置容量决定整个瀑布循环规模。

4.5.2 水池

水池是水景中的平面构成要素，丰富了景观设计中的平面，造型自由且能结合周边环境进行设计。水池主要分为点式、线式和面式。点式指最小规模的水池和水面，如饮用和洗手的水池、小型喷泉和瀑布的各阶池面等。面式指规模较大，在空间中起到控制作用的水池。线式指比较细长的水池，在空间中具有很强的分划作用或绵长蜿蜒之感。水池使水也有了灵魂，又辅之以各种灯光效果，使水体具有丰富多彩的形态，可以缓冲、软化城市中“凝固的建筑物”和硬质的地面，以增加城市环境的生机，有益身心健康并能满足视觉艺术的需要。

水的动态形式与静态形式分别如图4.14和图4.15所示。

图4.14 水的动态形式

图4.15 水的静态形式

4.5.3 喷泉

喷泉原是一种自然景观，是承压水的地面露头。园林中的喷泉，一般是为了造景的需要，人工建造的具有装饰性的喷水装置。喷泉可以湿润周围空气，减少尘埃，降低气温。喷泉的细小水珠同空气分子撞击，能产生大量的负氧离子。因此，喷泉有益于改善城市面貌和增进居民身心健康。

雕塑与喷泉组合，使喷水池造型更加完美、丰富多彩，静止与动态协调，体现了喷水池的活力和生机，大大提高了人们观赏的娱乐性和趣味性(图4.16和图4.17) 。雕塑在城市美化中的作用应是不言而喻的，它们的存在使自然和人造的空间产生某种独有的特殊气氛。这是雕塑在空间中特有的艺术性和感染力，给人以精神享受，人们得以在这样的自然与艺术的空间中休息养神，调节生活的频率，实在是人生的乐趣之一。

图4.16 雕塑和喷泉的结合

图4.17 人类的亲水性

4.5.4 桥

桥梁是景观环境中的交通设施，与景观道路系统相配合，把游览路线与观景点联系起来，组织景区分隔与联系。在设计时注意水面的划分与水路的通行。水景中桥的类型有汀步、梁桥、拱桥、浮桥、吊桥、亭桥与廊桥等。步石又称汀步、跳墩子，虽然这是最原始的过水形式，早被新技术所替代，但在园林中仍然是一种发挥情趣的跨水小景，人走在汀步上有近水亲切感。汀步最适合浅滩、小溪等跨度不大的水面。也有结合滚水坝体设置过坝汀步，但要注意安全。跨水时梁、独木桥是最原始的梁桥，对园林中小河、溪流宽度不大的水面仍可使用。水面宽度不大时也可建设桥墩形成多跨桥的梁桥。梁桥平坦便于行走与通车。在依水景观的设计中，梁桥除起到组织交通的作用外，还能与周围环境相结合，形成一种诗情画意的意境，耐人寻味。

4.6 景观小品的设计原则

本节主要介绍了景观小品在创作过程中所遵循的设计原则，指出在设计时应把握的基本方法，具体可以从以下几个方面来体现。

4.6.1 合理性原则

景观小品的艺术设计中，功能设计是更为重要的部分，要以人为本，满足各种人群的需求，尤其是残疾人的特殊需求，体现人文关怀。这种合理性的要求是来自多方面的。首先是技术层面的，很多设计精美的作品在最后阶段被舍弃并不是由于设计上的原因，而是材料、加工工艺或结构上的问题，所以应当慎重选择材料，并深入研究其工艺；其次，这种设计的合理性来自于使用方面的压力，例如，街道座椅应尽量少采用活动式的；再次，合理性也包含着风格上的合理性。人们需要相对持久、经典的风格。还要更多地关注设计中的简洁与纯粹，这并不是极少主义，而是要让设施用自己的语言来表达它们自身的内涵。

4.6.2 创造性原则

艺术品设计必须具有独特的个性，这不仅指设计师的个性，更包括该艺术品对它所处的区域环境的历史文化和时代特色的反映，吸取当地的艺术语言符号，采用当地的材料和制作工艺，产生具有一定的本土意识的环境艺术品设计；不仅要满足环境的整体风格要求，而且还应做到特色的体现而不是千篇一律。在设计领域中，离开了创造就失去了设计的灵魂。创造有两个层次。第一层次是发明创造，第二层次是改良。创造可以在3种模式下展开，第一种是概念设计，它给予设计师较大的宽容度，也更大地强化创新的程度；第二种是方式设计，如生活、使用方式的设计，以现实中的问题为主，提出解决的方法或引导出新的方法；第三种是款式设计，以款式或外观为主，追求时尚与变化。公共设施因其自身特点使人们更偏向于第二种模式。

4.6.3 整体性原则

公共设施是城市生活的道具，它应该符合大众公共生活的需求，并与周围的环境

(包括物质环境和人文环境)保持整体上的协调。但协调并不应止于表面层次，更应追求一种精神及意味上的深层次统一。景观小品是一个系统，除了与周围环境协调一致外，其自身也应具有整体性。无论是小设施，还是大设施，虽然各有特性，但彼此之间应相互作用，相互依赖，将个性纳入共性的框架之中，体现出一种统一的特质。

4.6.4 绿色设计原则

绿色设计着眼于人与自然的生态平衡关系，在设计过程的每个决策中都充分考虑到环境效益，减少对环境的破坏，简称“3R原则”，即Reduce(减少)、Recycle(再生)和Reuse(回收)。这一原则在公共设施中的应用并不是仅仅多设立几个分类垃圾筒而已，它要求设计师从材料的选择、设施的结构、生产工艺、设施的使用乃至废弃后的处理等全过程中，都必须考虑到节约自然资源和保护生态环境。例如在材料选择方面，应首先考虑易回收、低污染、对人体无害的材料，更提倡对再生材料的使用。结构上多使用标准化设计，减少部件数量，也利于维修更换；表面处理上少用加溶解物的油漆，在能源选择上多采用高效节能的“干净”能源，如太阳能。

构筑物小品往往成为景观中的视觉中心，如图4.18所示。

图4.18　构筑物小品往往成为景观中的视觉中心

景观小品兼具美观和实用功能，如图4.19所示。

图4.19　景观小品兼具美观和实用功能

4.7　景观小品的设计实例

通过本节的设计实例，为今后的景观小品设计打下基础。实例一为已经建成的方案实景，可以清楚地了解景观小品在设计中的重要地位。实例二为设计方案图，可以模仿其景观小品设计表达手段。

4.7.1　实例一：美国圣路易斯城市中心公园

美国圣路易斯城市中心公园位于圣路易斯市中心的三角公园(Triangle Park)，是按照现代规范并采用现代手法对历史巴洛克风格的水景与照明重新设计的一项伟大尝试。该三角公园是在全球发展门户基金会的赞助下修建的，为其旁边的基尔中心、音乐与会议中心提供了广阔的活动休闲空间，基尔中心最初设计的时候没有配备户外空间。这种设计融入了创新的雨水收集系统以及当地抽象的地质、水文以及绿植形态，从而创造出了一种多种形象的公共空间，并且吸引着当地的住户和旅客。

图4.20～图4.47展示了公园中的不同景观。

图4.20	图4.21
图4.22	图4.23
图4.24	图4.25

图4.20 公园鸟瞰

图4.21 喷泉吸引大量游客在此休息

图4.22 水的魅力在于产生了声音

图4.23 灯光让喷泉在夜晚富有生机

图4.24 休闲座椅

图4.25 台阶强调了道路的边界

图4.26	图4.27
图4.28	图4.29
图4.30	图4.31

图4.26　单面支撑廊架

图4.27　廊架面朝有景观的方向

图4.28　铁艺护栏

图4.29　造型简单独特的树池

图4.30　路边的小型雕塑

图4.31　放置在交通节点的雕塑

图4.32 雕塑和喷泉的结合

图4.33 倾斜的扶手设计

图4.34 展翅的鸟形雕塑

图4.35 水体为景观带来动感

图4.36 人的亲水性

图4.37 模仿自然界的瀑布

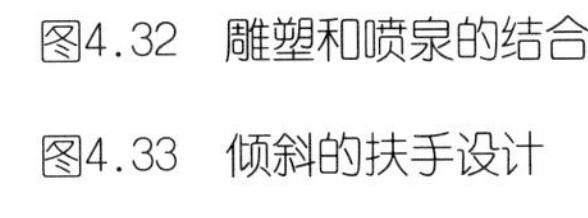

图4.32	图4.33
图4.34	图4.35
图4.36	图4.37

图4.38	图4.39
图4.40	图4.41
图4.42	图4.43

图4.38 花坛

图4.39 入口处的景墙

图4.40 造型简约的雕塑

图4.41 水景雕塑

图4.42 人像雕塑

图4.43 扶手

图4.44　景墙上的LED屏

图4.45　雕塑吸引游客走向路的尽头

图4.46　亭成为视觉中心

图4.47　花坛引导观赏路线

4.7.2　实例二：居住区景观小品设计

该实例为某居住区景观小品设计，采用流动式的曲线为设计元素，在总平面图中贯穿这一概念，意在创造自然和谐的环境。通过对该区域景观功能和公共空间进行分析后可知以中心区域为景观节点，出入口贯穿整个景观轴，下面开始着重分析该方案中的景观小品设计。小区设计的总平面图如图4.48所示。

如图4.49所示，作为园区主要入口，在强调其通透与穿越的同时，要求具有远距离的可识别性。因此将入口大门以钢结构构架处理成具有地标作用的构筑物，兼具实用和观赏功能。对近距离的观赏者产生视觉吸引。如图4.50所示，雕塑整体形式上有一种强烈的音乐韵律感，主骨架就如同音乐的五线谱。整体布置围绕功能主题，在下面设置造型置石供人休息，也具有活跃气氛的功能。

图4.48　总平面图

图4.49　入口效果图

图4.50　入口雕塑效果图

小区局部效果如图4.51和图4.52所示。

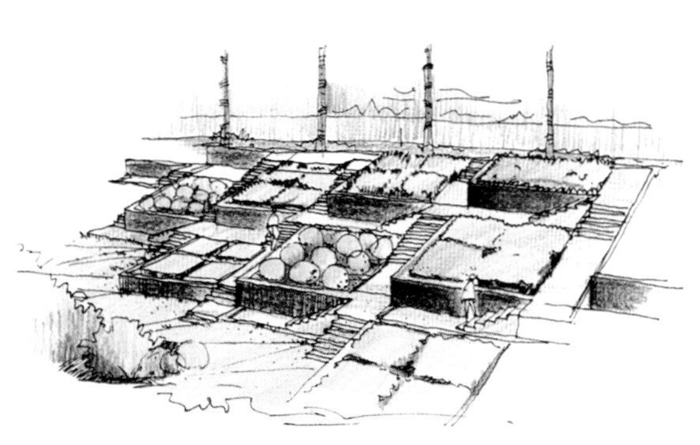

图4.51　局部效果图

图4.52　局部效果图

图4.53中的桥体设计体现一种对比、一种包容、一种现代兼具国际化的生活环境。将不同材质组合产生天然的趣味。景墙的设计力图将艺术融入生活，将生活带入艺术，提升人的生活品位。实体墙和漏窗结合(图4.54)，产生移步换景的效果。左下角用缩略图表示该小品在整个景区中的位置。

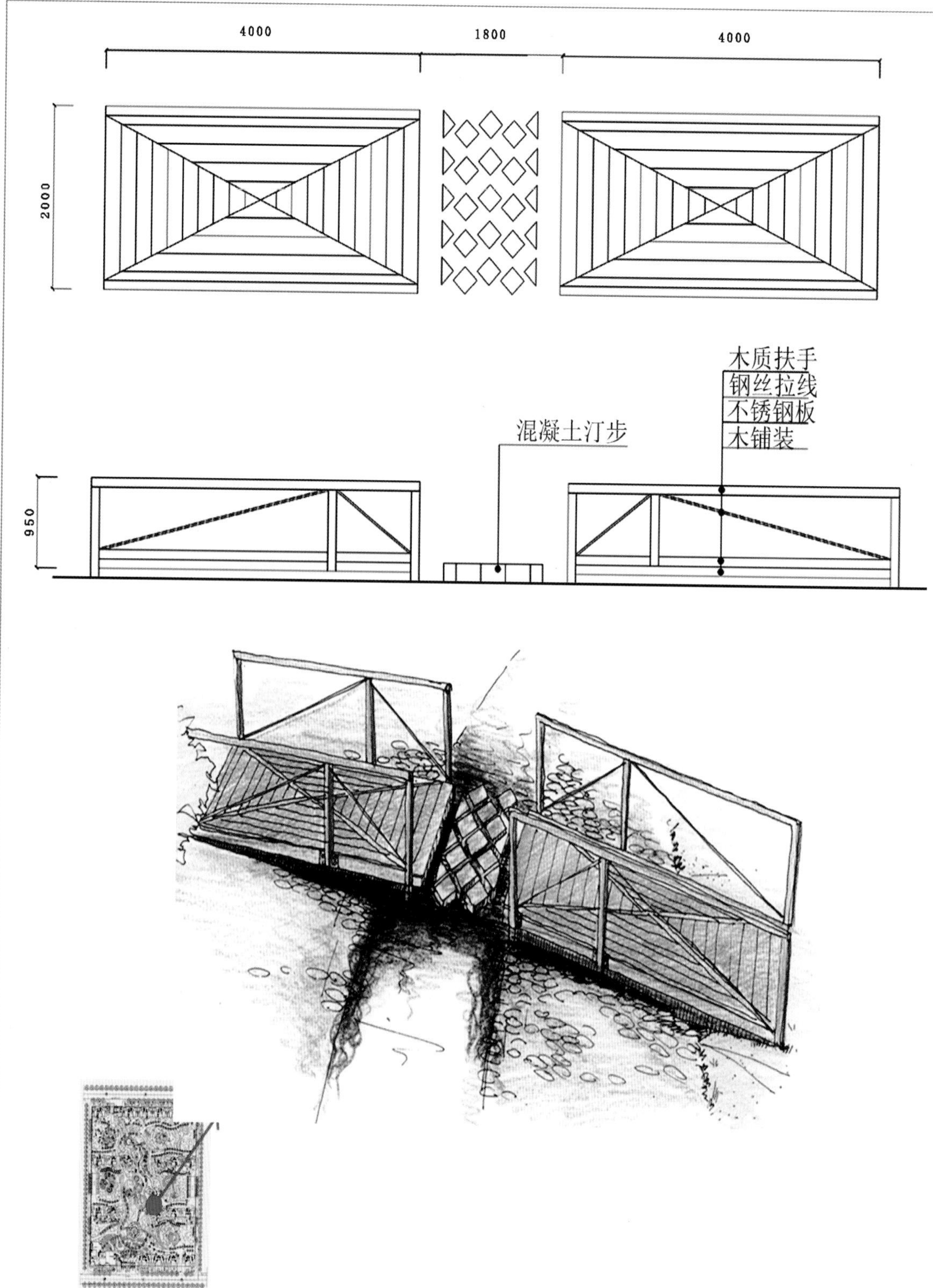

图4.53　精工桥(单位：mm)

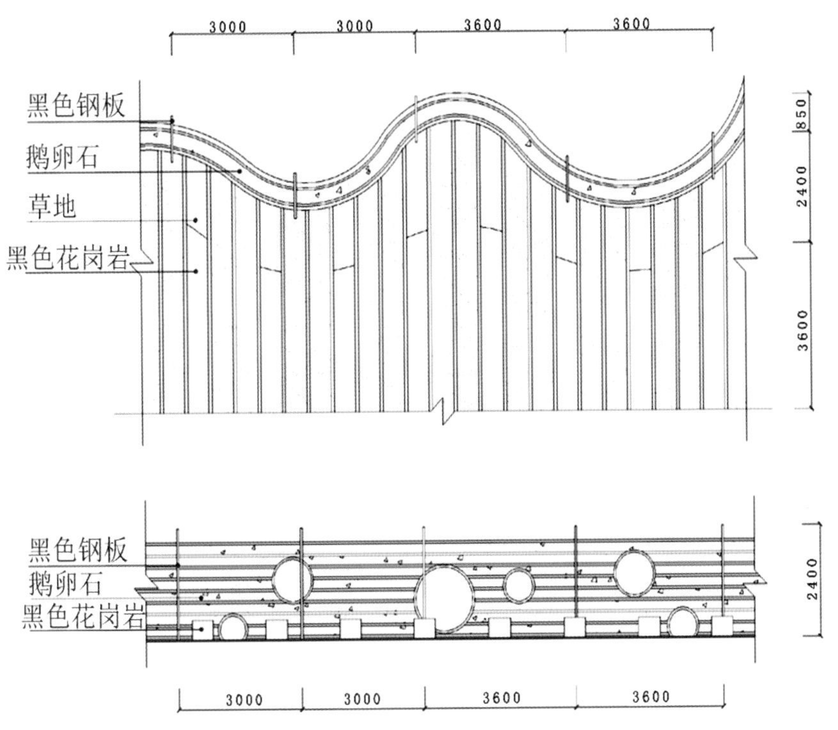
3000
3000
3600
3600
黑色钢板
鹅卵石
草地
黑色花岗岩
850
2400
3600
黑色钢板
鹅卵石
黑色花岗岩
2400
3000
3000
3600
3600

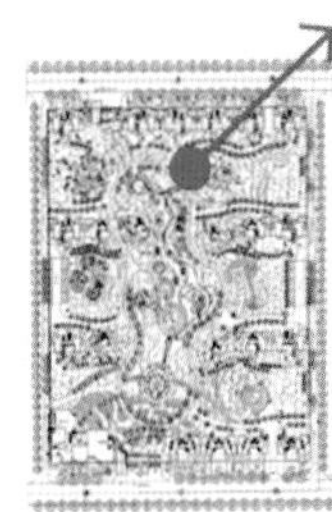

图4.54　艺术家之墙

在舞台上必不可少的是灯光，是颜色，该舞台使用的材料是彩钢，外观轻巧，白天由于对阳光的反射会呈现鲜艳的色彩，夜晚，地面有照明灯，给这些不能够行动的柱体增添一份轻快，人们在其中活动也增加一份喜悦的色彩。随机在较大的乔木下面布置一些类似小品设施，其功能主要是兼备休息及运动，造型简洁，用料轻巧。无论在外观上还是在使用中都给人一种现代生活的享受，如图4.55所示。

图4.55 沙龙舞台

小区中布置了不同类型的凉亭，如图4.56和图4.57所示。

图4.56 简欧式凉亭

图4.57 边缘凉亭

如图4.57所示，该凉亭布置在露天环境中，主要功能用于老人的棋牌活动，给予老人自己的空间，结合欧洲庭院做法，增添一份舒适、一份高雅，更加多给老人一些关怀。布置在空间边缘的凉亭，用其简单的外表和使用的功能为本身增添了一种美感，由于其占地小，造型简约统一，便将其作为一种元素，布置在具有较强活动性的空间中的边缘处，既满足了功能需要，同时也增添了小区景观整体统一的一种色彩元素。

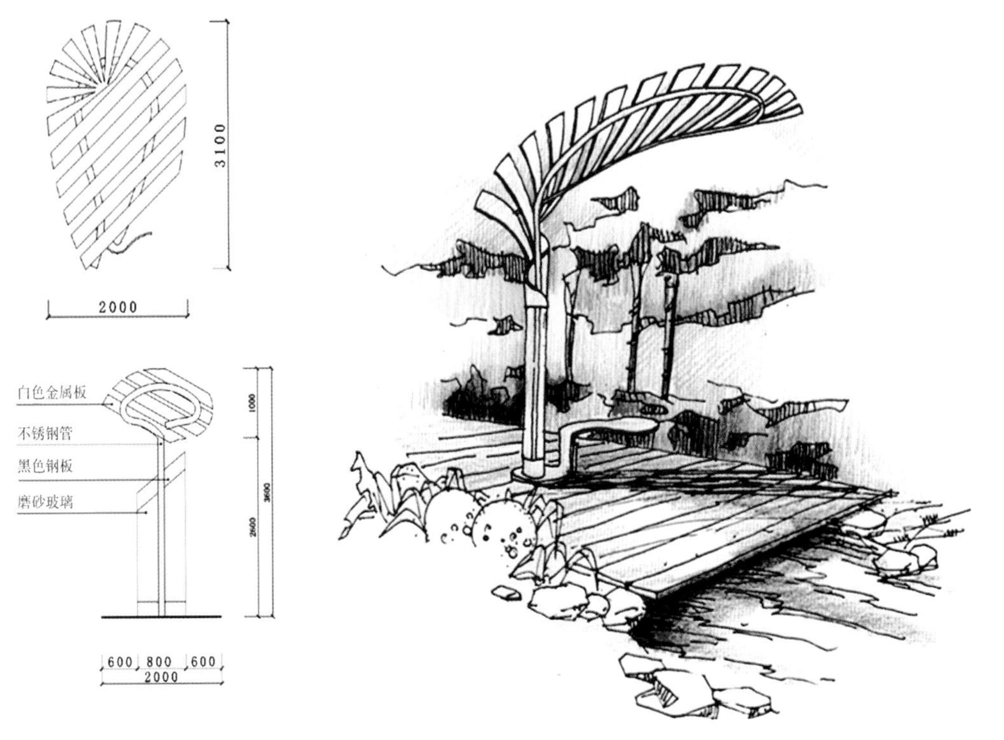

图4.58 花架

花架(图4.58) 是用刚性材料构成一定形状的格架供攀缘植物攀附的园林设施，又称棚架、绿廊。花架可作遮阳休息之用，并可点缀园景。花架设计时要了解所配置植物的原产地和生长习性，以创造适宜于植物生长的条件和造型的要求。廊式花架是最常见的形式，面版支撑于左右梁柱上，游人可入内休息；片式花架，面版嵌固于单向梁柱上，两边或一面悬挑，形体轻盈活泼；独立式花架以各种材料作空格，构成墙垣、花瓶、伞亭等形状，用藤本植物缠绕成型，供观赏用。

除了传统意义上的亭子，还有造型风格大胆而富有创意的亭子。如图4.59所示，采用解构式构图，富有视觉冲击力。表达人们热爱生活，憧憬美好的愿望。一个在造型上体现包容、自由的亭子布置在一片绿色之中。朴素的材质、美观新奇的造型，衬上阵阵鸟鸣，与周边环境较好地结合，这就是自然的设计。

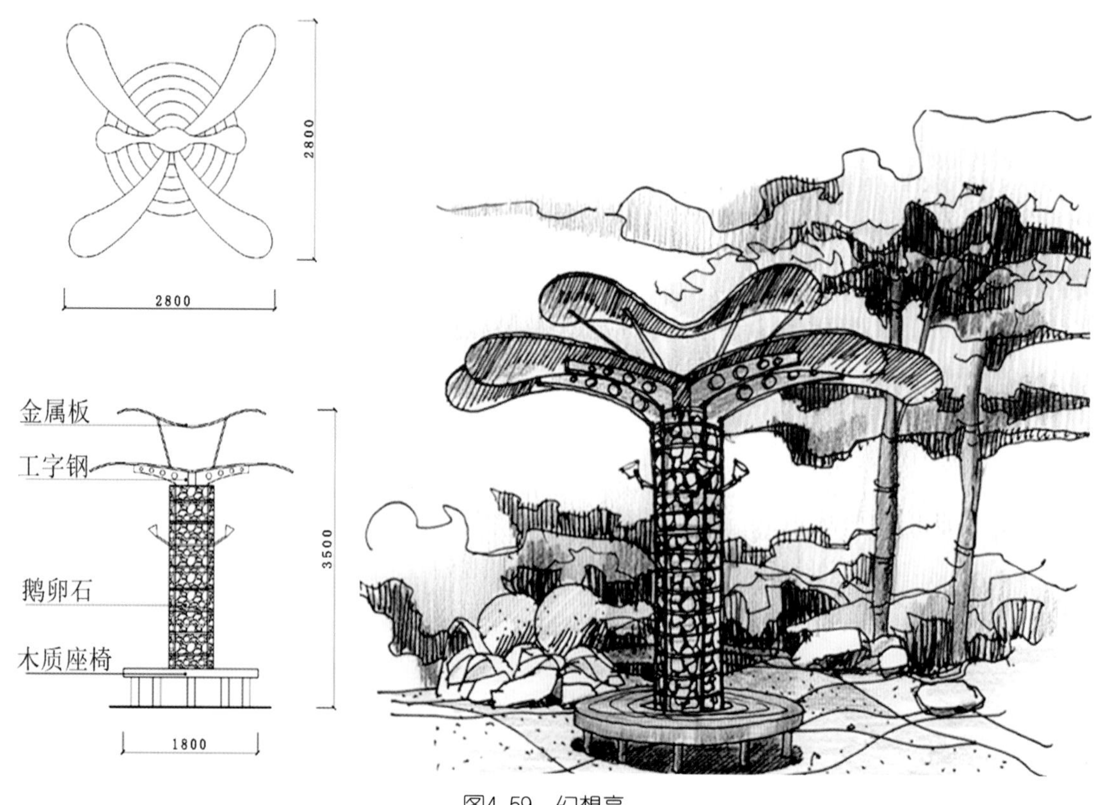

图4.59　幻想亭

在整个景区设计了布置灵活、丰富，具有人性，体现对漫步人关爱的椅子。这类休闲椅或其他小型景观小品随机地出现在小区环路上或景观角落中，使生活在其中的人有丰富的心理享受和视觉享受，如图4.60和图4.61所示。

家庭灯、草坪灯等富有时代感的景观照明工具，除了可成为引人注目的景观小品外，还可成为景观构图的重要组成部分，同时还兼有引导交通路线的实际功能。泛光灯、埋地灯及水下灯等不同灯具的组合既强调了景观的层次感和立面的观赏效果，同时又丰富了景观空间的色彩，渲染和衬托了景观气氛，这样，夜间的层次变化也会丰富多彩。

园林中使用的照明器主要有以下几种。(1)投光器：用在白炽灯、高强度放电处，能增加节日快乐的气氛，能从一个反向照射树木，草坪，纪念碑等。(2)杆头式照明器：布置在院落一例或庭院角落，适于全面照射铺地路面、树木、草坪，有静谧浪漫的气氛。(3)低照明器：有固定式、直立移动式、柱式照明器。

不同类型的庭院灯如图4.62～图4.64所示。

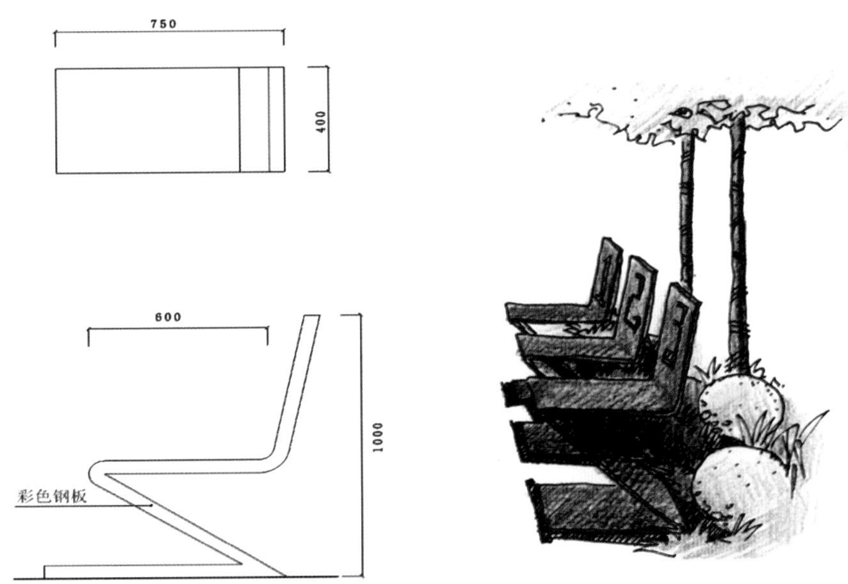

图4.60　漫步椅

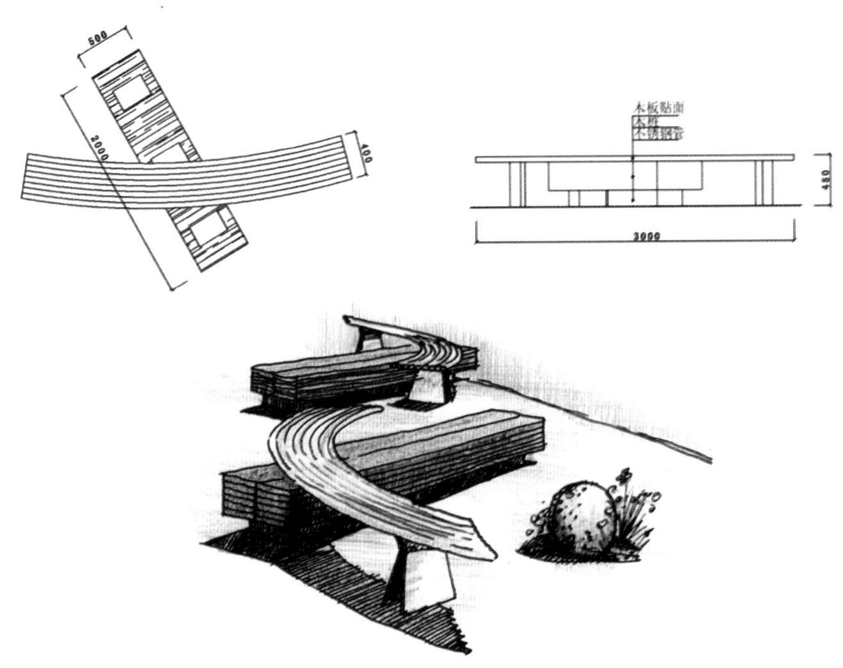

图4.61　公共休闲椅

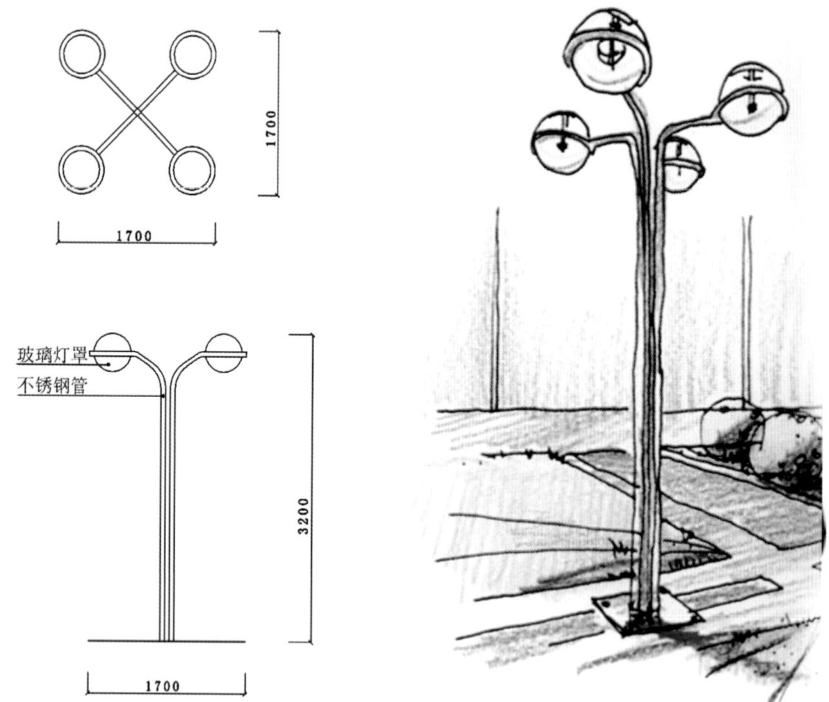

图4.62　庭院灯

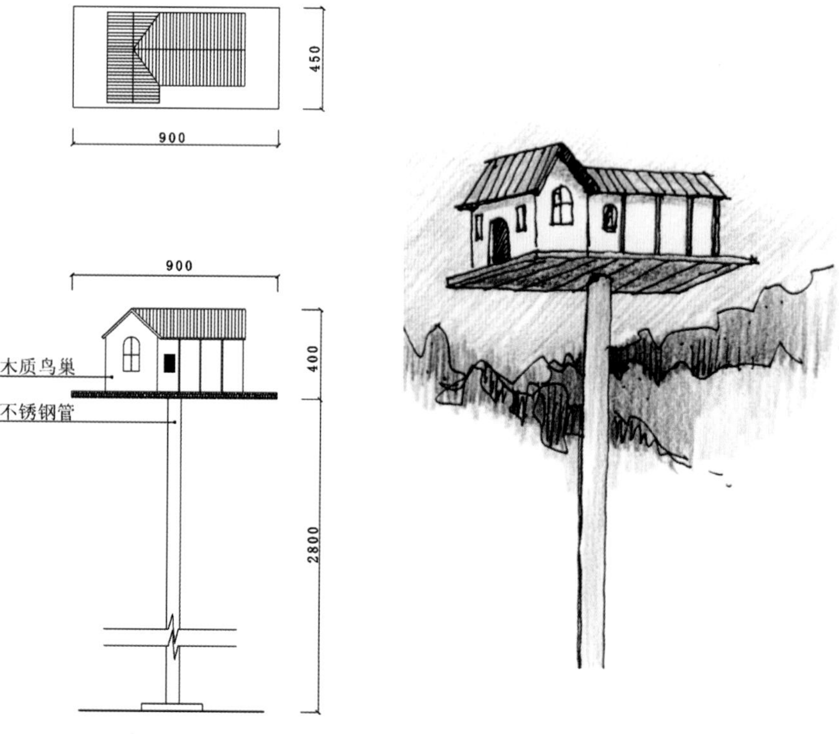

图4.63　庭院灯

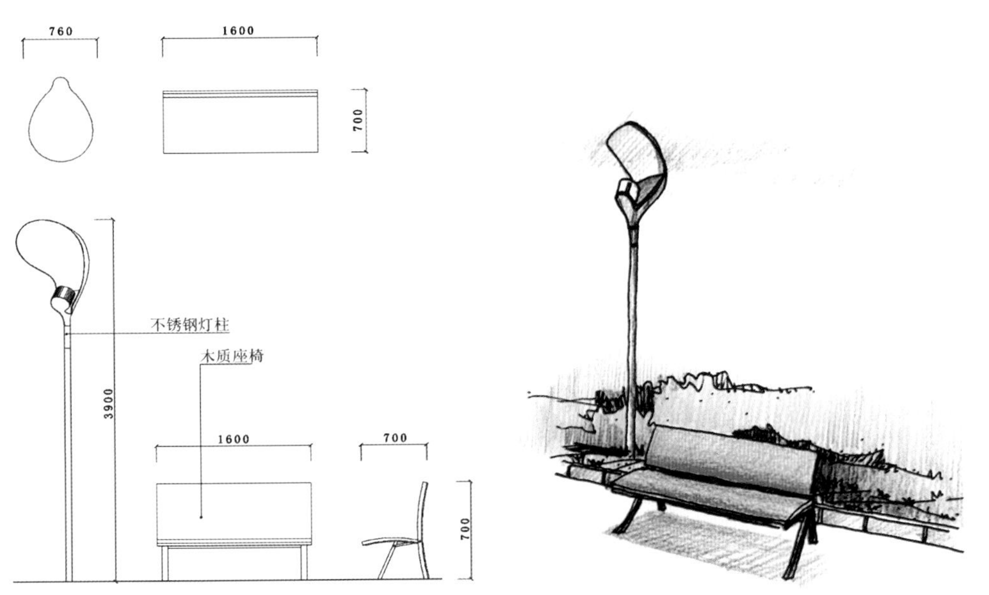

图4.64 庭院灯

庭院灯对于夜晚的景致有着非常重要的影响。灯具上鸟巢的布置别具匠心，增加了情趣和意境。庭院灯的设计从造型上讲求与小区其他构筑风格、造型的统一，体现设计者的细腻和小区的整体品位。商业照明有通透感、吸引力，用材应体现时尚。照明小品种类繁多，主要包括草坪灯、广场灯、景观灯、庭院灯、射灯等。园灯的基座、灯柱、灯头、灯具都有很强的装饰作用。

小区中的雕塑与垃圾箱也各具有特色，如图4.65和图4.66所示。

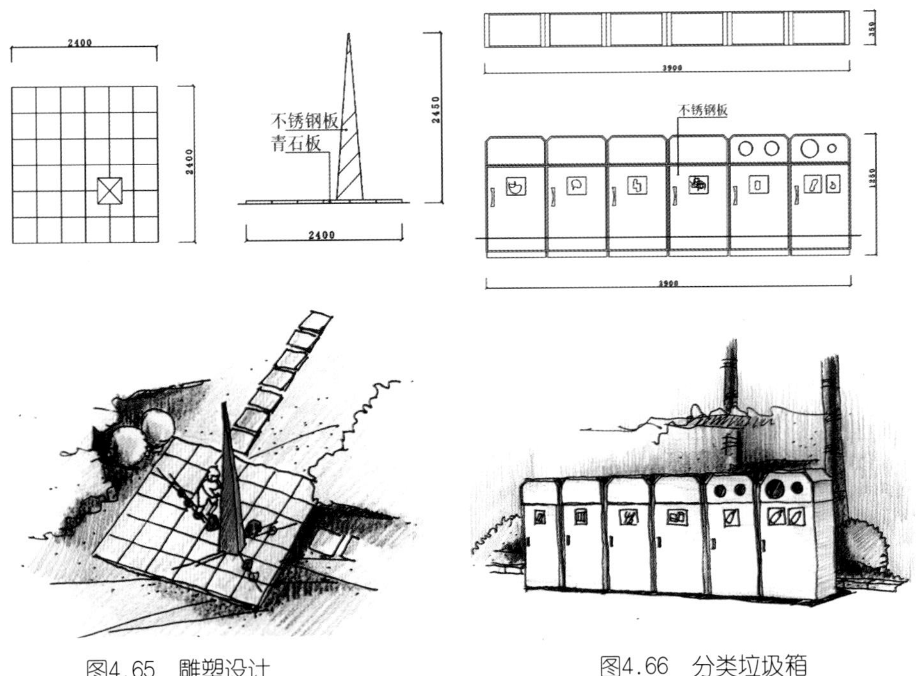

图4.65 雕塑设计

图4.66 分类垃圾箱

合理的树池(图4.67) 设计，能够有利于树木的生长，又有利于行人的观赏休息。趣味设计是抽象的、变化的，它能够带来随心的活动空间，增加休闲人群的活动选择。在道路景观的设计中体现现代，释放温馨，展现美感，让每一个身在其中的人都会感受到一种自豪。在景观小品的设计中，结合景观规划风格，注重表达人的理性与浪漫，主要包括园区入口标志、园区地图、标志门派、规定性标识等。选用原则是具有创造性的造型、具有雕塑感的个性、蕴含丰富的文化、体现园区的时代感。坐凳在布点和造型上都充分体现对人的无微不至的关怀，选用原则是具有简洁、新颖的造型，具有雕塑感的个性，并结合环境巧妙设计，形成独特的景观。

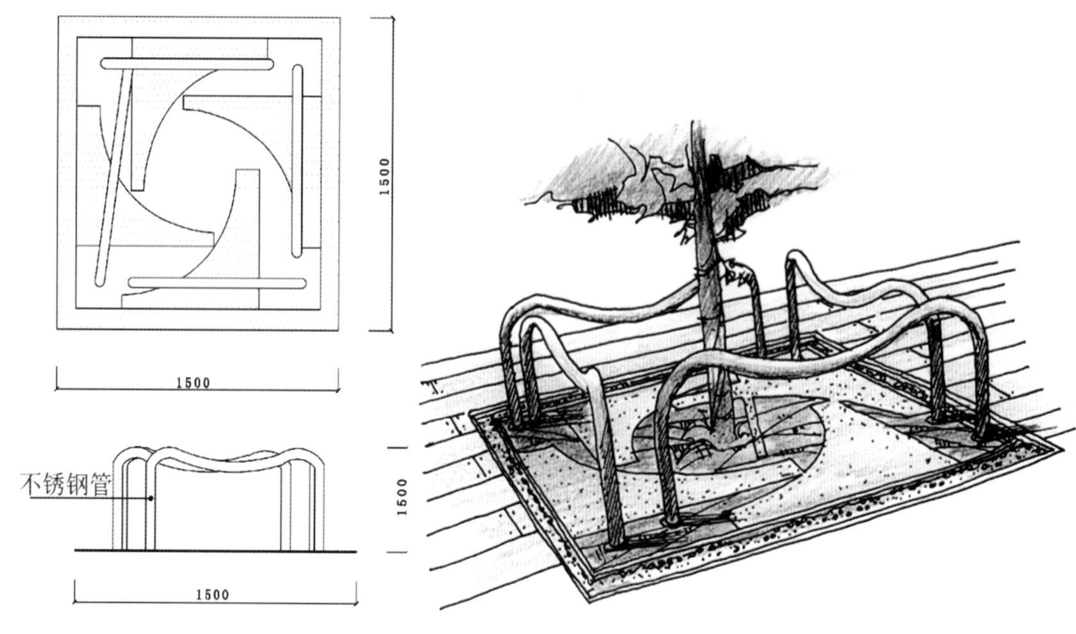

图4.67　树池

综上所述，景观小品在该方案中扮演着十分重要的角色。景观小品作为被观赏的对象，运用小品的装饰性来提高园林建筑的鉴赏价值。将功能作用较明显的桌凳、地坪、踏步、桥岸以及灯具和牌匾等予以艺术化、景致化，可实现不同的艺术趣味。

4.7.3　景观小品表达

图4.68～图4.79是常见的几种景观小品的表达。

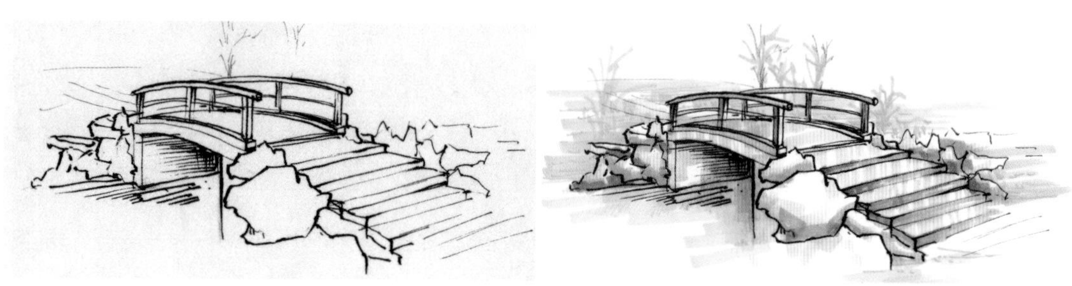

图4.68　小桥的表达／程小龙／指导老师：彭瑜

图4.69 雕塑的表达／阮燕敏／指导老师：彭瑜

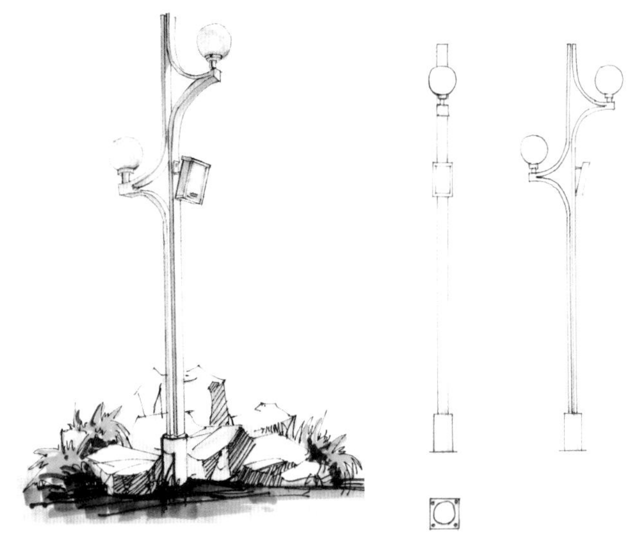

图4.70 路灯及三视图表达／范淑娟／指导老师：彭瑜

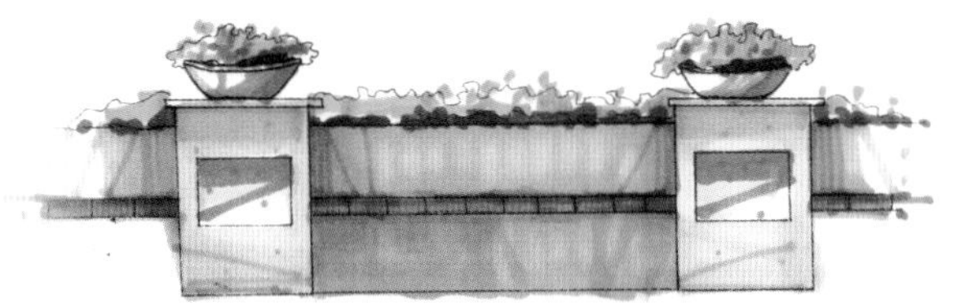

正立面图

侧立面图

平面图

图4.71 花池及三视图表达／谢菲／指导老师：彭瑜

图4.72　垃圾箱／江铭／指导老师：彭瑜

图4.73　花池／杨晓雅／指导老师：彭瑜

图4.74　休闲座椅／江铭／指导老师：彭瑜

图4.75　水池／程小龙／指导老师：彭瑜

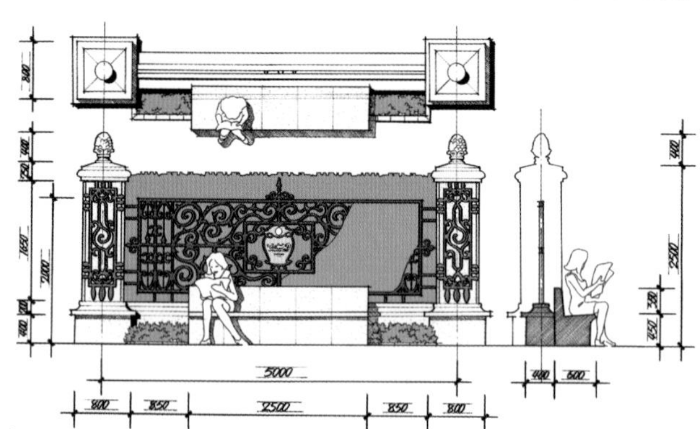

图4.76　休闲座椅三视图

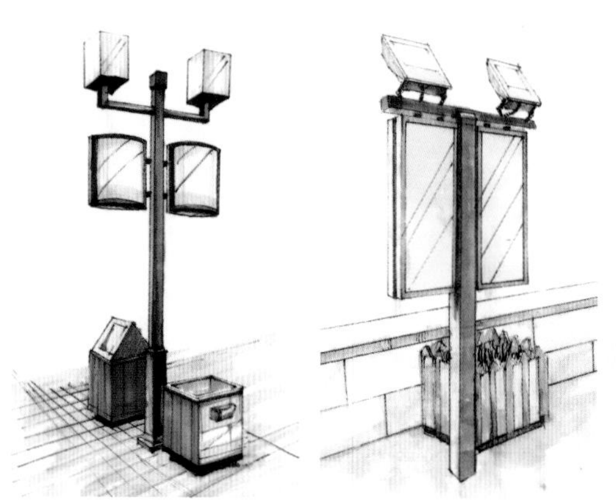

图4.77　路灯／范淑娟／指导老师：彭瑜

图4.78　喷泉／程小龙／指导老师：彭瑜

图4.79　树池／谢菲／指导老师：彭瑜

单元训练和作业

1. 作业欣赏

请欣赏图4.80。

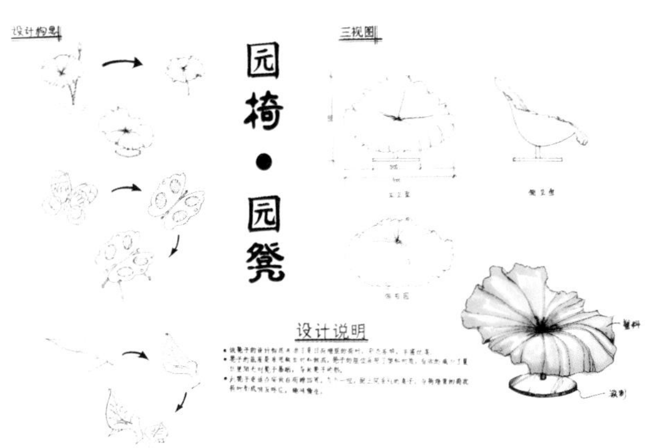

图4.80 景观小品设计

2. 课题内容：景观小品设计

课题时间：4课时。

教学方式：教师分类例举不同类别的景观小品实景图片，着重强调景观小品与环境相辅相成的关系；再引导学生尝试在某规定用地范围内设计某一类型景观小品。

要点提示：前期着重小品设计的创意和独特性，后期着重将小品与周边环境良好地结合。

教学要求：

(1) 某广场景观小品设计。

(2) 掌握景观小品设计中三视图及透视图的表达。图纸内容包括：平面、正立面、侧立面、透视图。

(3) A3幅面，比例自定，手绘表现。

训练目的：通过了解园林小品在园林中的作用和地位，掌握景观小品的种类及设计联系，着重锻炼学生的空间想象力，将创意构思用合适方式在图纸上表现出来。

3. 其他作业

本地某公园景观小品改造设计。

4. 本章思考题

景观小品如何与环境结合设计?

5. 相关知识链接

参见：管学理，米锐，郭宇珍．景观小品设计[M]．武汉：湖北美术出版社，2009．

第5章 景观方案设计

课前训练

训练内容：通过了解与掌握景观设计方法，熟悉景观设计的基本原则。学习并设计各类景观空间的平面布局。利用给定的空间平面，进行平面草图的构思练习；根据平面草图，画出相应的竖向图；根据平面和立面的设计，创造出有生机的景观环境。

训练注意事项：建议每位同学能够拓展想象，注意空间的尺度，重点是与周边环境的协调。

训练要求和目标

要求：学生需要掌握景观设计方法，熟悉各类景观空间的特点，并进行深入设计。

目标：根据设计的需求，对于具体类型空间，能够根据其特点风格进行功能上的分析、平面布局，并进行深入的设计表达，完成整个区域的景观方案设计。

本章要点

(1) 景观方案的平面设计。

(2) 景观方案的竖向设计。

(3) 景观方案的整合设计。

本章引言

根据出发点的不同，景观设计的内容也有很大的不同，大面积的河域治理、城镇总体规划大多从地理、生态角度出发；中等规模的主题公园设计、街道景观设计常常从规划和园林的角度出发；面积相对较小的城市广场、小区绿地，甚至住宅庭院等又会从详细规划与建筑角度出发；但这些项目无疑都涉及景观因素。在进行景观方案设计时，要根据不同的基地环境有针对性地进行设计。

5.1 景观的平面设计

景观设计本身是一个综合因素的考虑，既需要满足功能需求，又要满足技术要求，同时还需要满足审美需求。这需要设计者提高综合素质，各因素达到较好的平衡。传统的景观设计方法经常开始于调查与分析，例如：业主的目标要求、场地的情况、用户的需要等，即 “立项、场地勘察、场地分析” 。有时针对项目的平面构图的形式可以先于调查出现，再通过实地调查去修改、调整平面布置形式。 无论是先考察分析，还是先有图形概念，形式的设计本身是需要专门研究的一个课题。景观设计的各项因素之间的关系如图5.1所示。

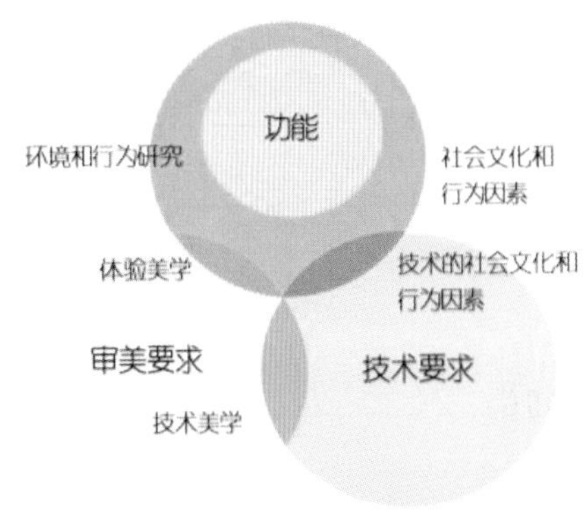

图5.1 景观设计的各项因素之间的关系

5.1.1 景观平面设计中的布局形式

人们接触到的，在规划及设计过程中对景观因素的考虑，通常分为硬景观(hardscape)和软景观(softscape)。硬景观是指人工设施，通常包括铺装、雕塑、凉棚、座椅、灯光、果皮箱等；软景观是指人工植被、河流等仿自然景观，如喷泉、水池、抗压草皮、修剪过的树木等。在景观设计中，常见的布局形式分为以下3种。

1. 对称式

对称式规划布局(图5.2) 讲究对称均齐的严整性，几何形式的构图着重强调园林总体和局部的图案美，主要应用于皇家园林，例如中国的故宫、法国的凡尔赛宫等。特别是轴线对称式常常用于中心主景观区、入口景观区。这类布局有清晰的轴线，产生序列感和方向性，引领人们进入特定区域。

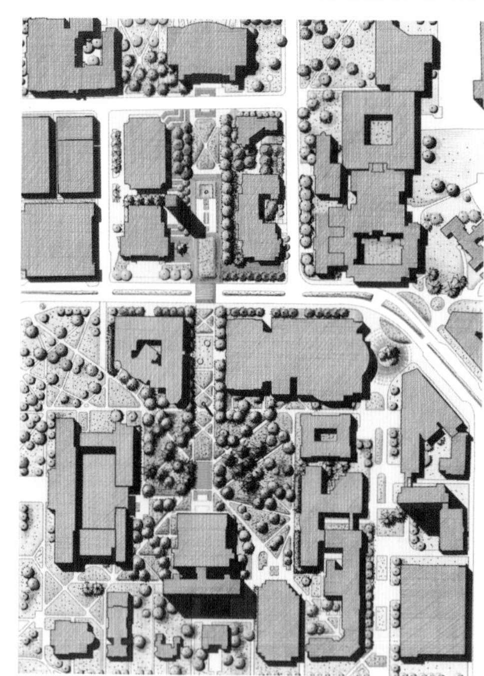

图5.2 对称式布局

2.自由式

自由式(图5.3) 是完全自由、灵活、不拘一格的形式，有两种情况：一是将天然山水加以修饰，二是用人工手法将天然山水缩于小的空间内，用写意的手法体现小中见大的园林景观效果。这种形式一般应用于私家园林，例如江南园林。通过节奏和韵律丰富空间，某种看似随性的图案往往含有隐喻的成分，象征着通过某个元素联系起整个方案。

图5.3 自由式布局

3. 综合式

综合式(图5.4) 是将对称式和自由式结合的园林，常常用于大的场地，兼有两者的特点。

图5.4 综合式布局

5.1.2 景观设计实例分析：中山岐江公园

1. 设计概况

岐江公园是在广东中山市粤中造船厂旧址(图5.5) 上改建而成的主题公园(图5.6)，引入了一些西方环境主义、生态恢复及城市更新的设计理念，是工业旧址保护和再利用的一个成功典范，如图5.7所示。

岐江公园合理地保留了原场地上最具代表性的植物、建筑物和生产工具，运用现代设计手法对它们进行了艺术处理，诠释了一片有故事的场地，将船坞、骨骼水塔、铁轨(图5.8) 、机器、龙门吊等原场地上的标志性物体串联起来记录了船厂曾经的辉煌和火红的记忆，形成一个完整的故事。岐江公园场地为原粤中造船厂旧址。至今，场内仍遗留着不少造船厂房和设备。粤中船厂历经新中国工业化进程艰辛而富有特殊意义的历史沧桑，特定年代和那代人艰苦的创业历程，已沉淀为真实和弥足珍贵的城市记忆。历史特色和现代性交融是岐江公园的又一特色。公园以原有树木、部分厂房等形成骨架，采用原有船厂的特有元素如铁轨、铁舫、灯塔等进行组织，反映了历史特色。同时，又采用新工艺、新材料、新技术构筑部分小品及雕塑如孤囱长影、裸钢水塔和杆柱阵列等，形成新与旧的对比、历史与现实的交织。

图5.5 改造前的粤中造船厂

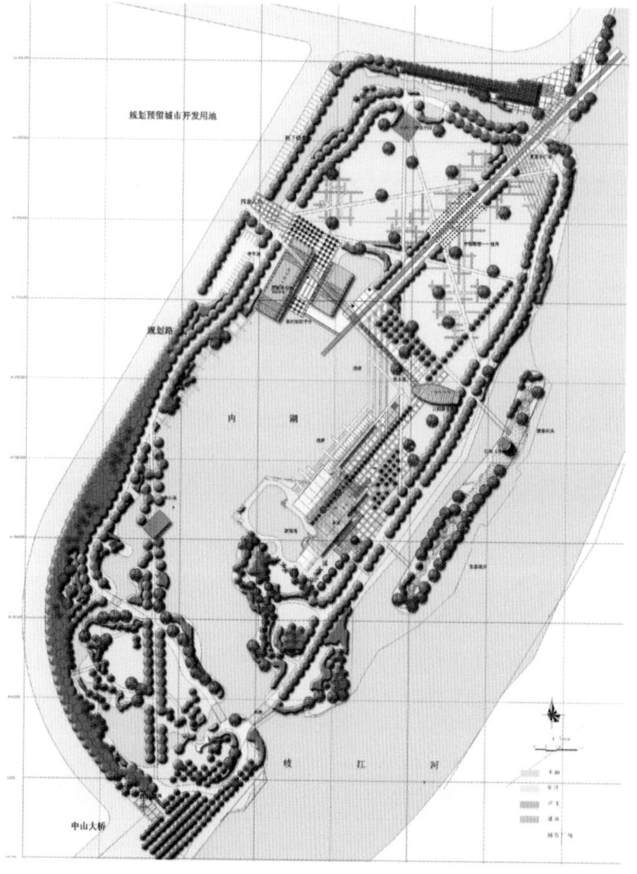

图5.6 岐江公园总平面图

以公园路网的设计为例，该路网采用若干组放射性道路，既不用中国传统园林的曲线型路网，又有别于西方园林规整的几何图形，手法新颖，独树一帜。可见公园在设计上既有新意又具内涵，既能反映出中山工业化进程的历史，又具有现代社会的特征，使公园充分体现了自己独特的个性。

亲水、保护生态是岐江公园的第三个特色。公园的设计保留了岐江河边原有船厂内的大树，保护原有的生态，采用绿岛的方式以河内有河的办法来满足岐江过水断面的要求，既满足了水利要求，也使公园增加了古榕新岛。公园还较好地处理了内湖与外河的关系，将岐江景色引入公园。尤其值得称道的是，公园不设围墙，巧妙地运用溪流来界定公园，使公园与四周景物融洽和谐地连在一起。亲水是人的天性，这条水流的设计正是要让人们尽情挥洒人之天性。

图5.7 改建设计后的岐江公园

骨骼水塔(图5.9)采用了所谓的“减法设计”：剥去其水泥的外衣，展示给人们的是曾经彻底改变城市景观的基本结构——线性的钢筋和将其固定的结点，它似乎告诉人们，无论工业化的城市多么丑陋，抑或多么美丽动人，其基本结构是一样的。

景区内多处体现了循环再利用的思想，如图5.10～图5.23所示。

图5.8 改造和再利用：铁轨

图5.9	
图5.10	图5.11
图5.12	

图5.9　骨骼水塔

图5.10　琥珀水塔

图5.11　改造和再利用：机器与拆除的建材

图5.12　再生设计与野草之美

	图5.13
图5.14	图5.15
图5.16	图5.17
图5.18	

图5.13 改造与再利用设计：船坞利用

图5.14 原有厂房改造成艺术馆

图5.15 水塔改造为地标建筑

图5.16 古树保护、防洪与挖渠成岛

图5.17 大量湿地植物

图5.18 旧船厂门改造成景观小品

图5.19	图5.20
图5.21	图5.22

图5.19 船坞利用

图5.20 栈桥式湖岸

图5.21 变化的水位与栈桥式湖岸

图5.22 改造和再利用：机器与拆除的建材

2. 设计的意义

岐江公园是对城市工业旧址加以景观化处理达到更新利用的一个成功典范，留下了很多成功的经验值得人们借鉴，主要有水位变化、滨水地段的栈桥式水际设计；江河防洪、过水断面拓宽采用挖侧渠而留岛的设计；废弃产业用地元素的保留、改造和再利用的设计。岐江公园的景观设计通过视觉与空间的体验传达3个方面的含义。首先，足下的文化，即一个普通造船厂所注释的那片土地上、那个时代、那群人的文化。除了保留诸如烟囱、龙门吊、厂棚等这些文化的载体外，还通过新的设计把设计师对这种文化的感觉通过新的形式传达给造访者，如被称为静思空间的红盒子以及剪破盒子的直线道路；生锈的铸铁铺装等。其次，野草之美，野草不自美，因人、因设计而美。在不同的生境条件下，用水生、湿生、旱生乡土植物——那些被人们践踏、鄙视的野草，来传达新时代的价值观和审美观，并以此唤起人们对自然的尊重，培育环境伦理。最后，人性之真，小时候穿越铁轨时的快感，在这里变为一种没有危险的游戏，使人们冒险、挑战和寻求平衡感的天性得以袒露；人对水的向往、对空间的探幽天性等都通过亲水栈桥和平地涌泉、树篱方格网的设计得以充分体现。

5.1.3 景观平面设计方法

1. 从气泡图到方案

通过对岐江公园的分析，人们试着从中总结出景观的平面设计方法。景观的平面设计是从功能气泡图开始的。这里的功能泡泡图是为反映景观平面功能的划分以及联系而画的，在设计阶段主要是安排各种不同的功能空间使之趋于合理。如图5.23和图5.24所示，泡泡用直线联系相互关联的分区，它的方位要和实际情况相符合。把关系最密切的功能画在相近的位置，然后用线连起来。最终形成整个景观的空间序列。在完成的功能图解中，所有的基地区域都应该有泡泡或其他符号，而不应该有空白区域或孔洞。

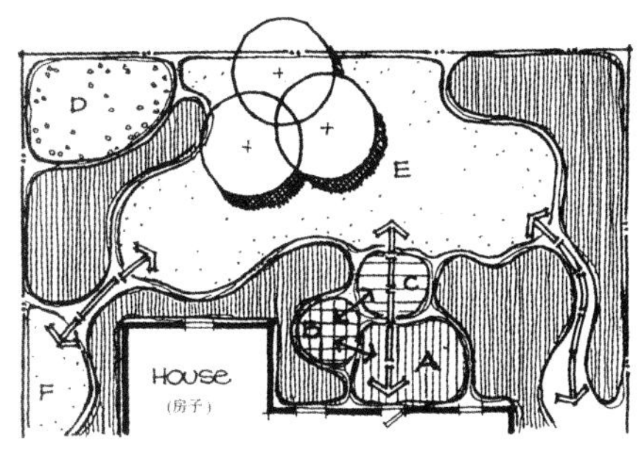

图5.23 正确的泡泡图应充满整个空间

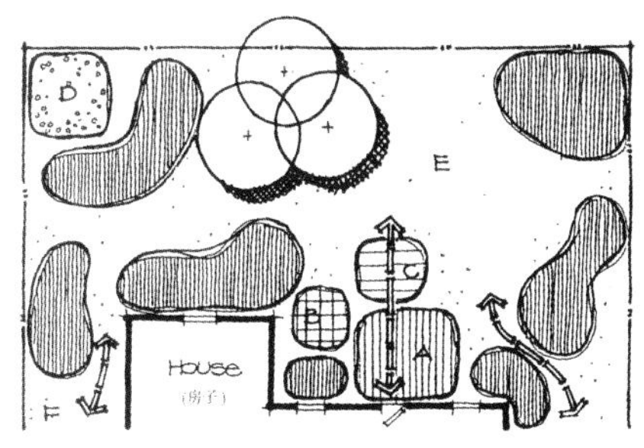

图5.24 错误的泡泡图留有空隙

接下来，就是将抽象的泡泡图落实成为各景观设计的元素，将交通流线因素也考虑进去。在同一用地范围内，有的泡泡变成了绿篱，有的泡泡变成了水体。这样就有多种可能性，景观设计的乐趣也在于此。各种不确定因素在一起造就了千变万化的景观设计，这就需要设计者深入比较各方案的优劣，从功能、技术和审美3个方面综合比较，如图5.25所示。

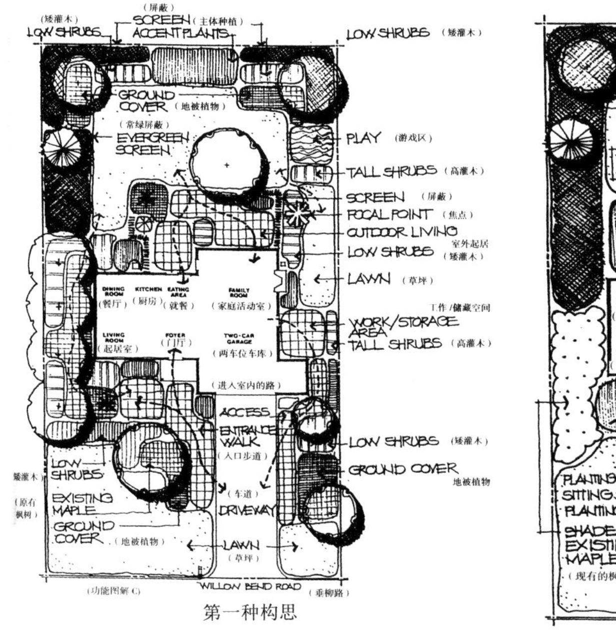

第一种构思

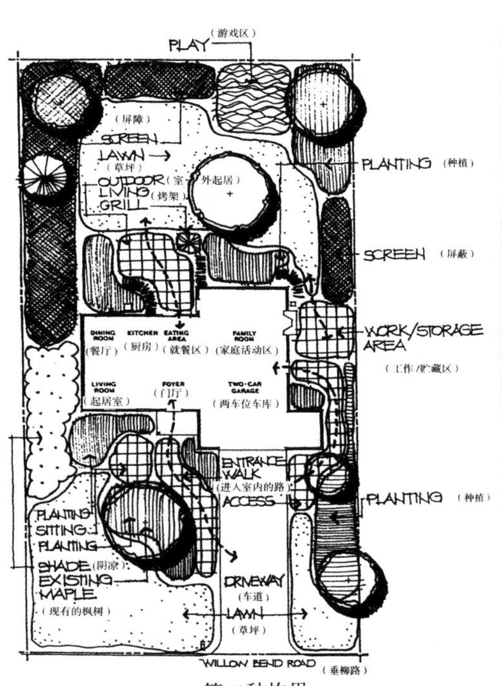

图5.25 不同方案的可能性

2. 设计方案的多种可能性

下面再来看某小区景观的平面设计过程(图5.26)，该方案在草图阶段用流畅的线条表示各边界和主要的构成形式；采用圆形为母形不断变化，各种直径不同的圆相交，圆心相连接。深入阶段再来考虑细节因素，有的圆变成了道路，有的圆变成了树阵，富有变化的空间才能吸引人，整体空间有较强的韵律感与协调感。同时在功能上解决环境交通与外部商业空间的矛盾，保证内部完整的人行空间。中心区域明确清晰，塑造有序和有主题的景观环境。

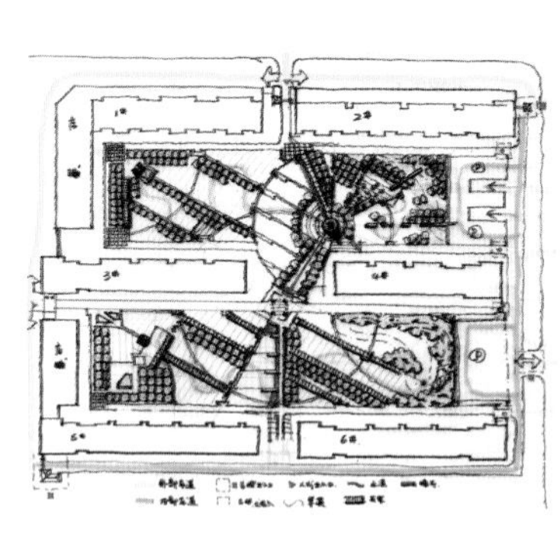

(a)构思草图

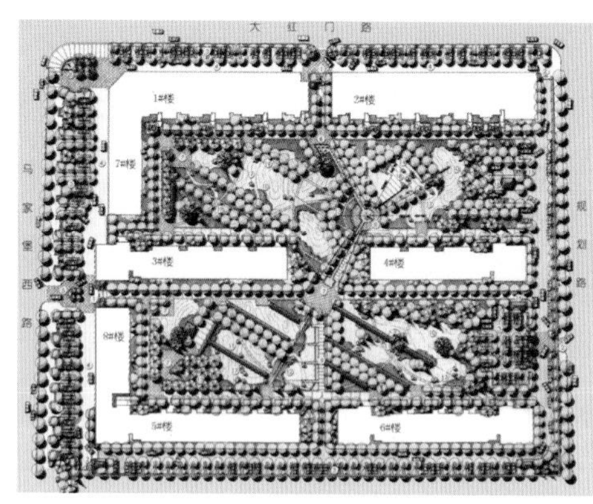

(b)平面图

图5.26　从构思草图到平面图

3. 设计方案的比较

在武汉某居住区中心广场的设计中，从最初的草图(图5.27) 中可以看到，第一步就是就将出入口与中心区域相连接，道路相交的地方形成景观节点，这样能同时满足交通和景观的需要。基本结构确定了，接下来需要考虑的是用什么布局形式。分别运用对称式布局表达西式园林的构思(图5.28)，用曲线表达自由浪漫的空间构成(图5.29)，用几何形组合表达现代家园的理念(图5.30) 。找到了主题建筑中轴线作为切入点，利用不同的造型元素丰富景观空间。

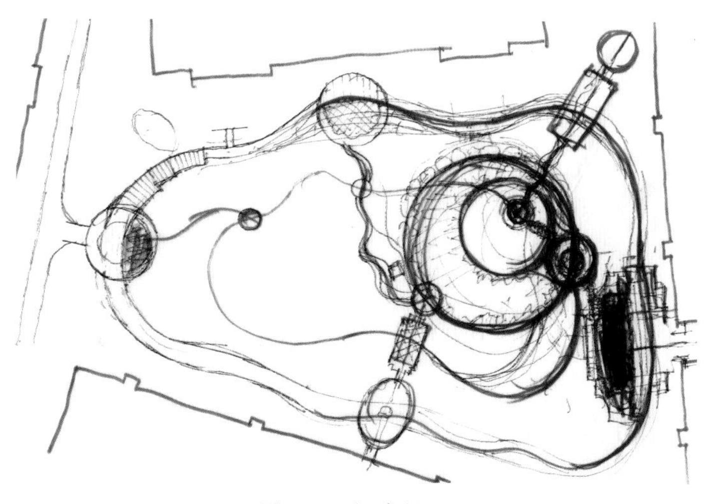

图5.27　概念草图

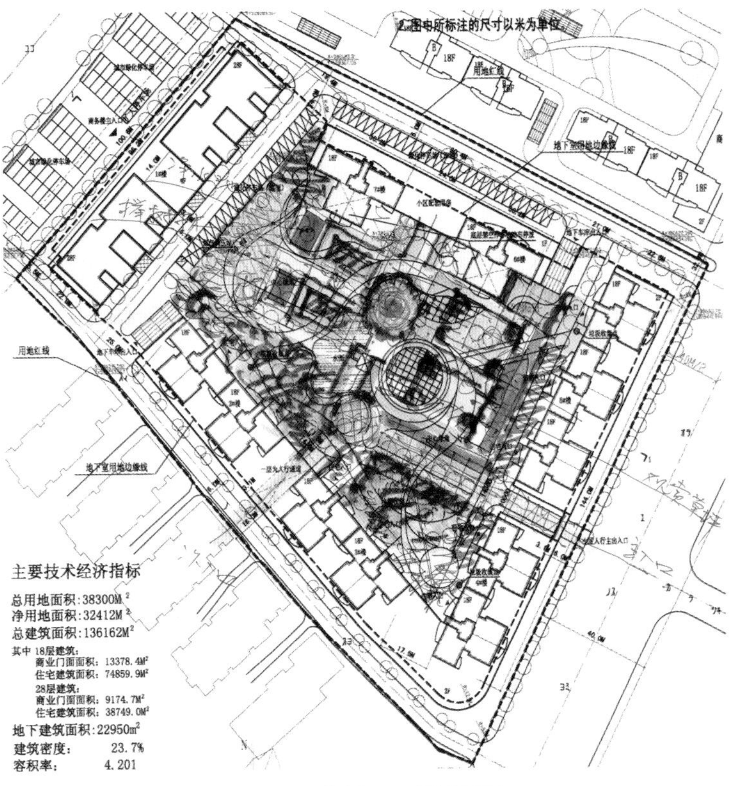

图5.28 构思一：西式园林

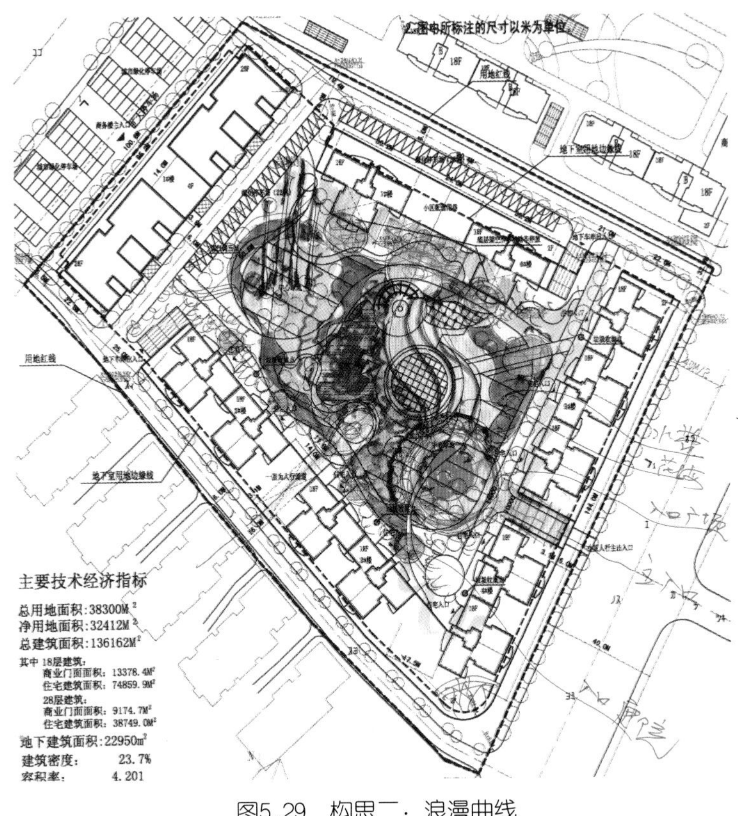

图5.29 构思二：浪漫曲线

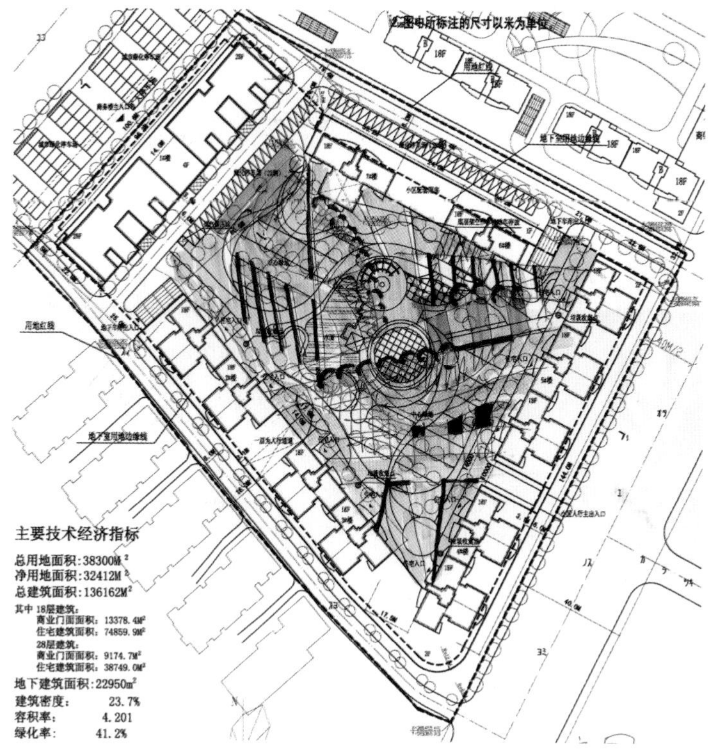

图5.30　构思三：现代家园

下面再来分析一个案例，图5.31为武汉某国企入口广场设计方案。用地范围为近似正方形的地块。这样的地形容易造成景观设计中主次关系不明确的现象。在设计初期，设计师就找到了切入点：将主入口的中点和该区域最主要的建筑——综合大楼中轴线连接，形成景观轴线。这样做的好处在于可以轻易地识别，具有较强的序列感，形成主次分明的景观效果。接下来将围绕这一轴线利用不同景观元素展开设计。

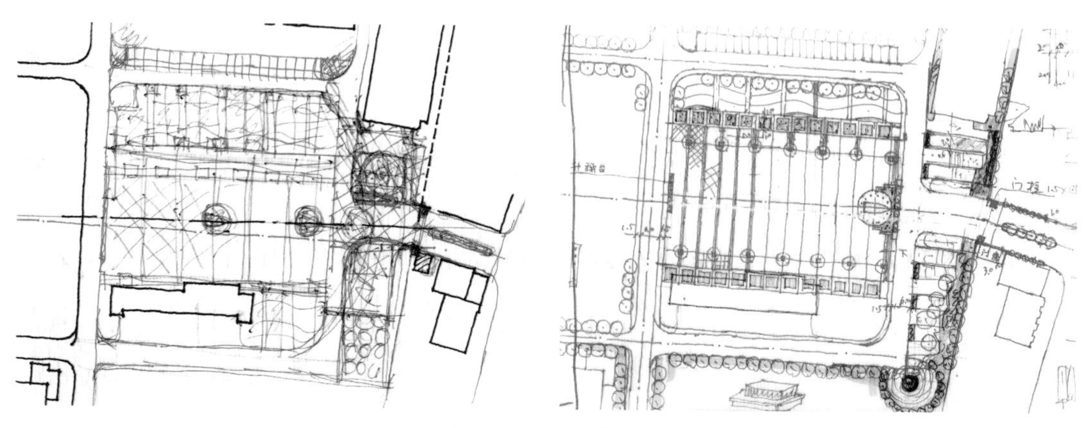

图5.31　设计草图

方案一(图5.32) 将轴线与圆形结合，圆心和轴线尽头相交形成开放式广场，另一圆形与轴线相切，用乔木围合形成相对隐蔽的区域。硬质、乔木和灌木较好地结合使用。

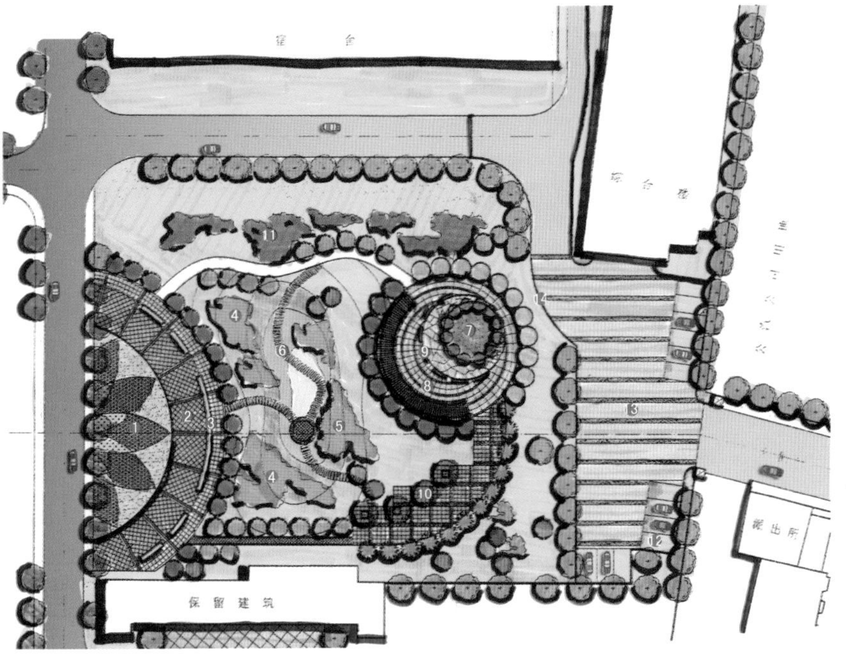

图5.32 方案一平面图

方案二(图5.33) 强调广场的交通功能，轴线对称形成大面积的硬质铺装。在入口处设置水景，形成景观中心，但整个广场缺乏绿化，硬质面积稍大。

图5.33 方案二平面图

方案三(图5.34) 和方案四(图5.35) 均采用自由式布局，设计出发点是将轴线与圆弧结合。曲线的小路贯穿整个广场，有较强的私密性。大量绿化丰富了广场空间。但两者之间有何区别？哪种布局更加合理？

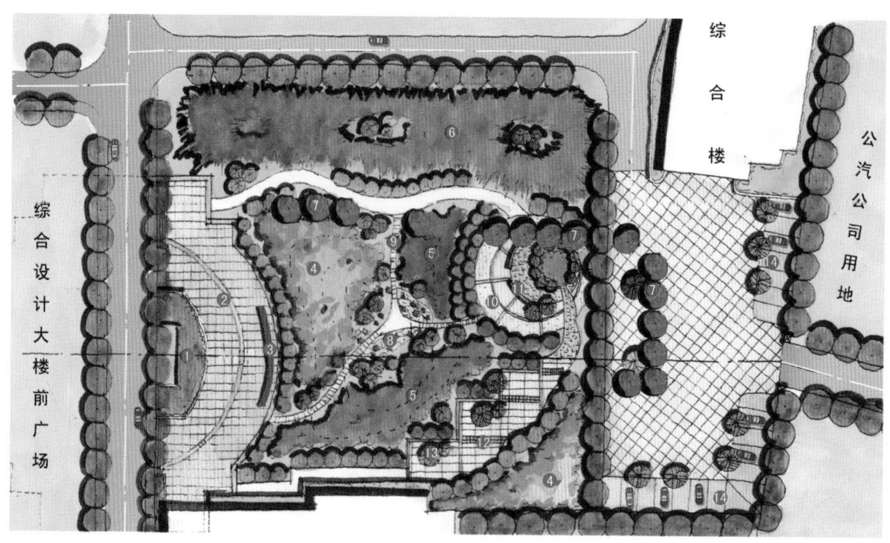

图5.34　方案三平面图

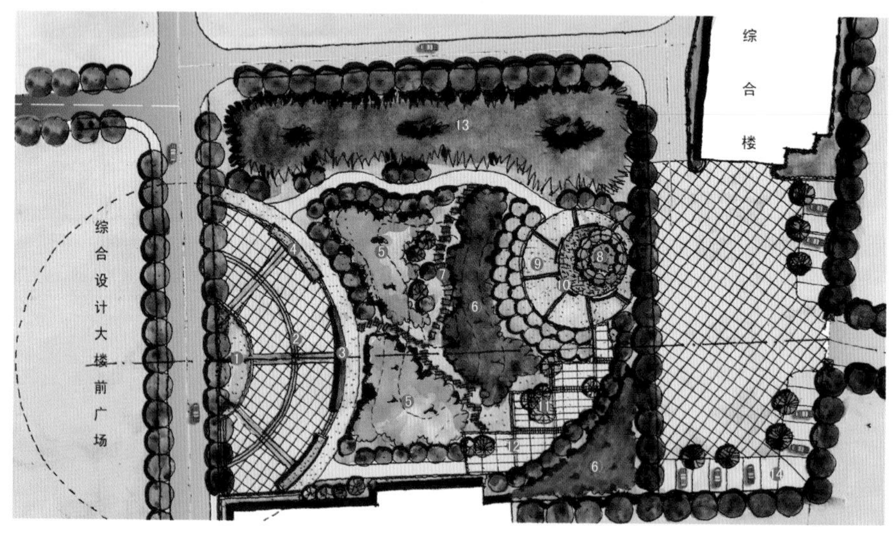

图5.35　方案四平面图

在方案大体成型以后，下一步就是对现有平面方案展开景观评价，考虑各种方案的优劣；找到其中的共同点，分析比较其中差异，突出寻找不同点，创造不同的设计因素。主要应考虑景观方案的合理性，造型美感的差别，与周边环境的关系，能否满足人们的需求，造价和后期维护等因素。这样的景观设计才是兼具形式与功能的设计。

5.2　景观的竖向设计

本节主要阐述了竖向设计的定义及其基本方法。竖向设计的内容包括地形设计、园路、广场、桥涵和其他铺装场地的设计，建筑和其他园林小品、植物种植在高程上的要求，排水设计和管道综合设计。

5.2.1 竖向设计的定义

竖向设计是对项目平面进行高程确定的设计，形成竖向空间。比如道路的上下起伏，就是竖向设计，比如小区内地面的高低差落，就是竖向设计(图5.36) 。

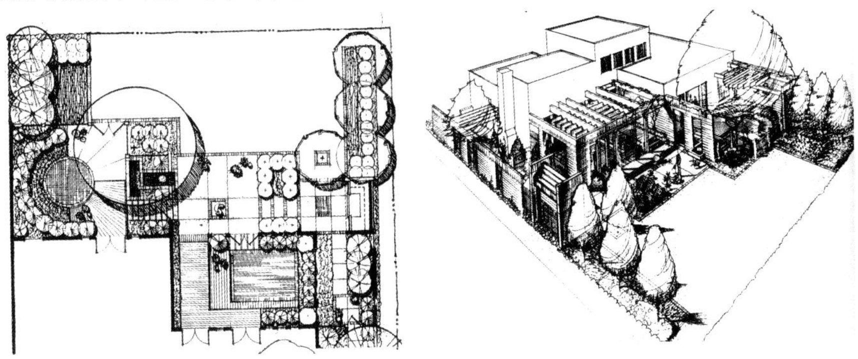

图5.36 平面设计和竖向设计是一体的

建设场地是不可能全都处在设想的地势地段的。建设用地的自然地形往往不能满足建筑物、构筑物对场地布置的要求，在场地设计过程中必须进行场地的竖向设计，将场地地形进行竖直方向的调整，充分利用和合理改造自然地形，合理选择设计标高，使之满足建设项目的使用功能要求，成为适宜建设的建筑场地。

竖向设计亦称竖向规划，是规划场地设计中一个重要的有机组成部分，它与规划设计、总平面布置密切联系而不可分割。在地域范围大、地形起伏较大的场地时，功能分区、路网及其设施位置的总体布局安排上，除必须满足规划设计要求的平面布局关系外，还受到竖向高程关系的影响。所以，在考虑规划场地的地形利用和改造时，必须兼顾总体平面和竖向的使用功能要求，统一考虑和处理规划设计与实施过程中的各种矛盾与问题，才能保证场地建设与使用的合理性、经济性。做好场地的竖向设计，对于降低工程成本、加快建设进度具有重要意义。

当在垂直面上围合空间时，设计师应利用斜坡或挡土墙加强形式构成的风格或设计主题如图5.37所示。例如，曲线的设计主题应用柔美的、平缓的坡或山丘来加强。坡应延着曲线外边移动以在三维上加强它们的形式。矩形的主题可用挡土墙或坡走向来加强。

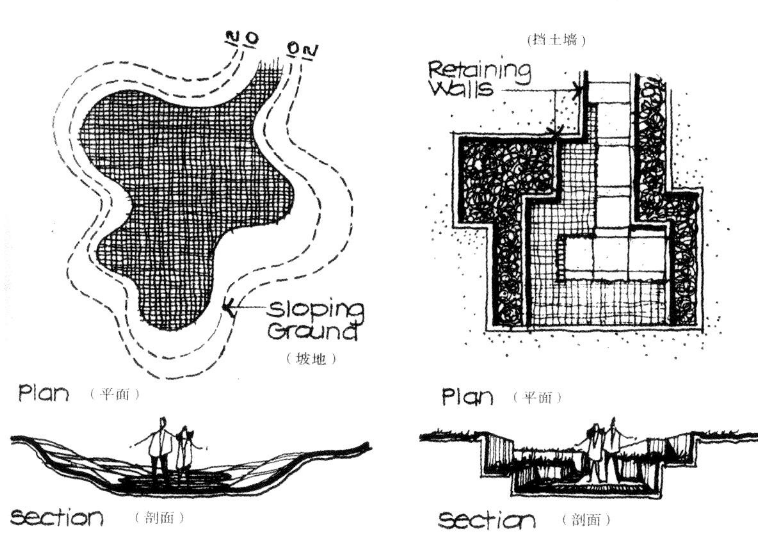

图5.37 坡与挡土墙相互联系

图5.38例举了不同墙体材料图案的不同

构图形式。尽管基于同一个功能图解，但是每个设计都不同。A区要足够高，作为灌木的背景；B区是一个封闭的私人区域，又成为焦点空间；C区提供一个类似B区的私密空间；D区提供一个可以坐人的矮墙，让人可以看到景致。这4个最终的墙面设计都给予完全不同的房屋建筑设计，但是4个设计均满足了功能的要求。这些设计在选择材料时都未顾及材料的大小。例如：第一个设计中坚直木板和颜色以及格栅的尺寸需要确定。类似的，第二个设计中墙上圆角的尺寸和模板的宽度还有待确定。同样，砖的尺寸和颜色、石头的颜色、背景材料及植物的颜色，都需要明确。

图5.38　基于同一功能图解的4个不同的栅栏和墙的设计

5.2.2　竖向设计的作用

竖向设计能提高土地利用率，优化多功能空间。提高空间艺术质量，体现自然美、艺术美(小中见大)和生活美；提高空间环境质量，有效调节光、温度、气流；围合空间调节小气候；提高施工效率，合理调整计划施工，提高效率。

5.2.3　竖向设计的表示方法

竖向设计的表示方法主要有设计标高法、设计等高线法和局部剖面法3种。一般来说，平坦场地或对室外场地要求较高的情况常用设计等高线法表示，坡地场地常用设计标高法和局部剖面法表示。

1. 设计标高法

这种方法也称高程箭头法，该方法根据地形图上所指的地面高程，确定道路控制点(起止点、交叉点)与变坡点的设计标高和建筑室内外地坪的设计标高，以及场地内地形控制点的标高，将其注在图上。设计道路的坡度及坡向反映为以地面排水符号(即箭头)表示不同地段、不同坡面地表水的排除方向。

2. 设计等高线法

这种方法是用等高线表示设计地面、道路、广场、停车场和绿地等的地形设计情况。设计等高线法表达地面设计标高清楚明了，能较完整地表达任何一块设计用地的高程情况。

3. 局部剖面法

这种方法可以反映重点地段的地形情况，如地形的高度、材料的结构、坡度、相对尺寸等，用此方法表达场地总体布局时台阶分布、场地设计标高及支挡构筑物设置情况最为直接。对于复杂的地形，必须采用此方法表达设计内容。

如图5.39所示，利用乔木还可以构筑室外空间的“天花”面(顶棚)，正如本书前面章节所讨论的那样，植物构筑的顶棚能够暗示室外空间的大小，其所投下的阴影会令人感到十分舒爽。这样的空间可以(如户外入口门廊、户外起居及娱乐空间)作为人们休息、聚会、放松的好地方。而树木的空间间距、树冠的冠幅、树木的分枝点的高度不是一成不变的，其变化影响室外空间的顶面围合程度。

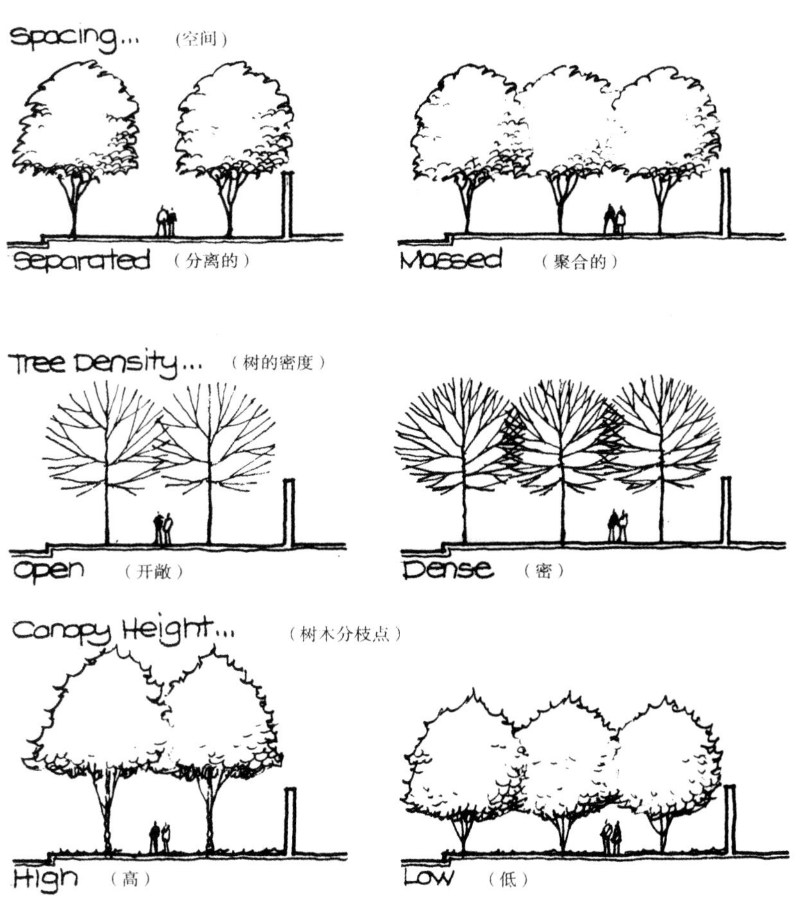

图5.39 不同的变量影响树阴形成室外空间的顶面

植物还能加强房子的建筑风格或与之形成对比，如图5.40所示。

图5.40　植物能加强房子的建筑风格或与之形成对比

5.3　景观的整合设计

景观整合设计是一种创造性的活动，设计的外在形式和内容往往取决于景观设计师在设计过程中的策划、组织以及客观限制要素。这些要素首先是对该地段的历史文脉的调研及人文思考，包括风土人情、民俗习惯、宗教信仰等。其次是地域的自然情况调研，如土壤、气候、温度、湿度、纬度、周边环境等地理条件。第三方面是关于现实性的访谈，包括一些客观限定性的调研，如区域内人的行为模式等方面的内容，以及区域经济技术情况分析，一个地区的经济状况往往会成为设计的限定因素。特别是材料工艺等技术的发展水平，或多或少影响着景观设计的实施和最终结果。最后是对设计方案的风格化分析，这里需要综合前面的调研成果加以分析总结，提取对设计有力的佐证，找到设计依据、量化证据或者是非数据化的人物、事件以及具有普遍性的其他内容。

5.3.1　景观设计实例一：居住区景观设计

下面以武汉万兴花园景观设计过程为例详述景观的整合设计(图5.41)。该方案位于武汉光谷雄楚大道，通过现场实地考察，通过分析来增强对当地人们所处环境的感受和理解。通过现场考察和调研做出视觉分析，视觉分析包括对基地的空间分析、周边建筑的表皮以及地面铺装、天际线和周围光照环境分析。深入透彻的场地分析，可为方案主题的提出和最终方案的落实提供详实的材料，并奠定基础。

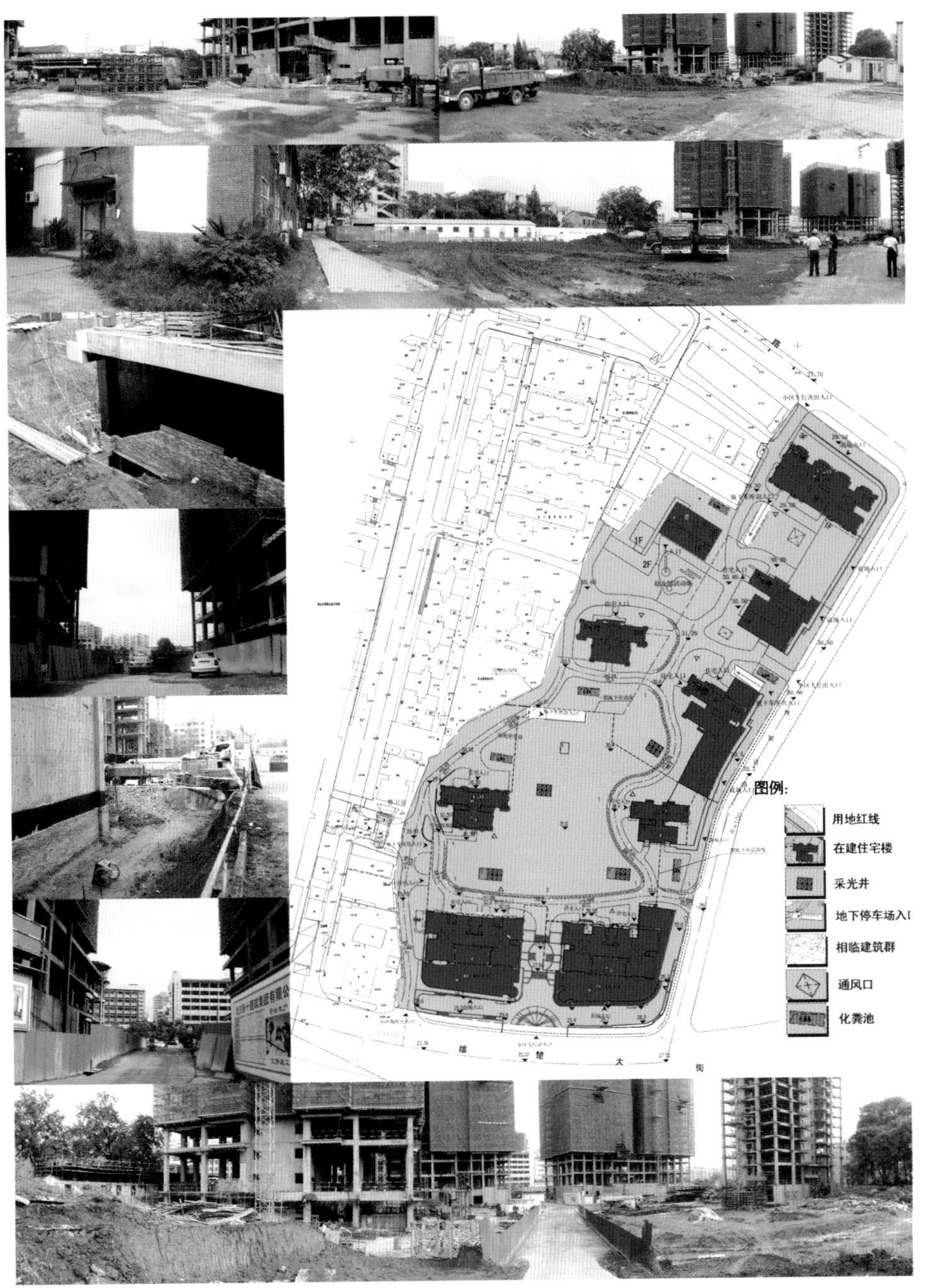

图5.41　基地现场实拍及场地分析

景观功能的主次的排序：空间体积的分布和组织应是有序化进行的一种近乎景观骨骼的分布策划活动，重点是将景观功能合理化分配以满足设计场所能给人的一种得体感受的要求，如图5.42所示。往往景观设计的初期理念、功能分区的总体景观格局会在此阶段产生和形成，成为设计进入深入思考时的总体景观设计框架。这个阶段设计师有可能站在业主、投资商的立场上帮助其完成基本的功能完善，以及预见随着时间推移设计功能的可持续发展，使其最终的设计具有延续性。因此景观平面分布组织应具有预见性，为以后的发展提供保障，也给后续的设计提供良好的设计拓展空间。

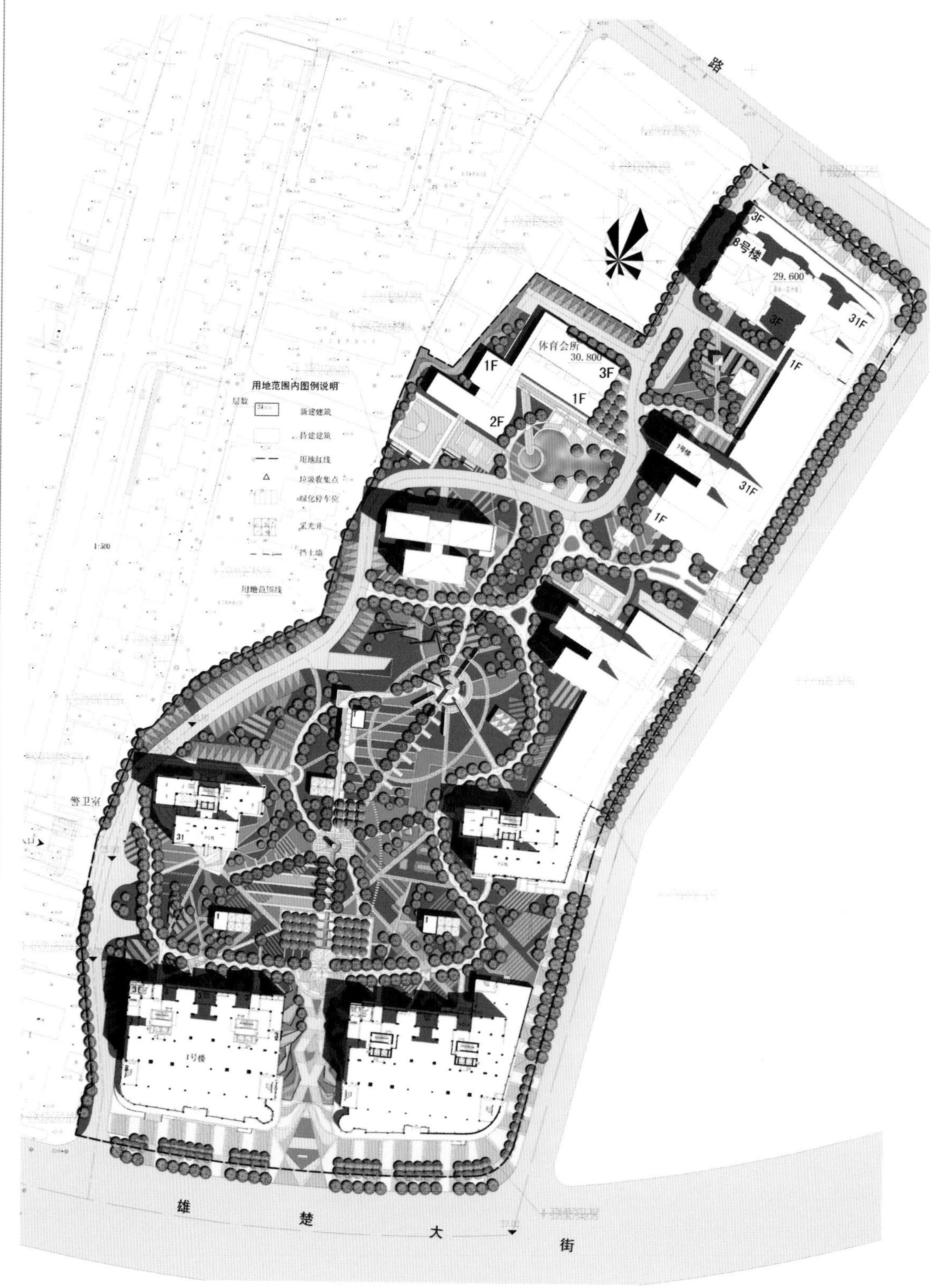
路
8号楼
3F
29.600
3F
31F
1F
体育会所
30.800
1F
3F
1F
2F
7号楼
31F
1F
用地范围内图例说明
层数
新建建筑
待建建筑
用地红线
垃圾收集点
绿化停车位
采光井
挡土墙
用地范围线
1:500
警卫室
31
1号楼
雄
楚
大
街

图5.42　总平面图

整体设计的鸟瞰图，如图5.43所示。

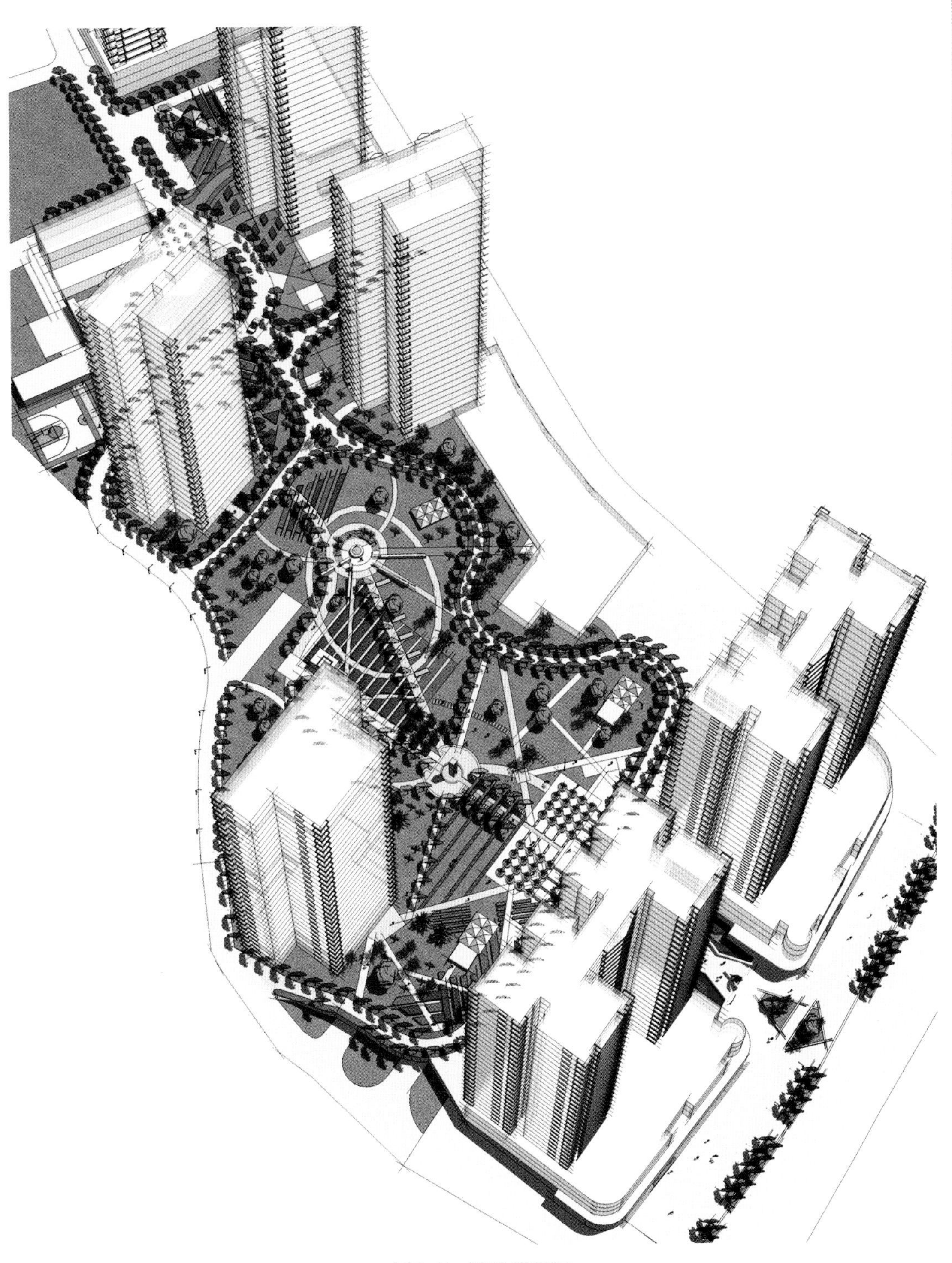

图5.43　整体鸟瞰图

功能分区的规划设计是从宏观着手对景观设计有一个整体性的把握，要分析原有场地的功能分区是多种功能混合还是只有单一功能的，这是由现场调研以及相关人员讨论得来的。在景观设计中的功能分区要注重划分的合理性和相互协调性。所谓合理性，就是在深入分析其周边环境的基础上，做出合理的功能划分(图5.44) 。居住区的景观设计在功能分区时要考虑设置居民休闲健身场所；如商业区景观设计，就应考虑划分出供商业活动、商业展示的区域。

所谓协调性，是指几个不同功能分区有所区别而又统一在一个设计主题之下的关系。功能分区的合理性和协调性是组织景观设计的必备前提，景观设计必须有一条中心骨骼起指导性作用，如图5.45所示。设计的主题就是骨骼，其他在设计中涉及的要素和原则都是丰富这个骨骼的框架结构。

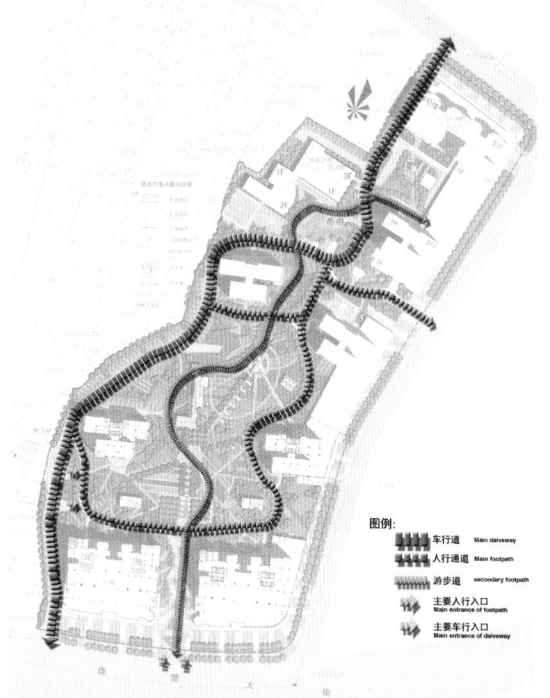

图5.44　交通流线分析图

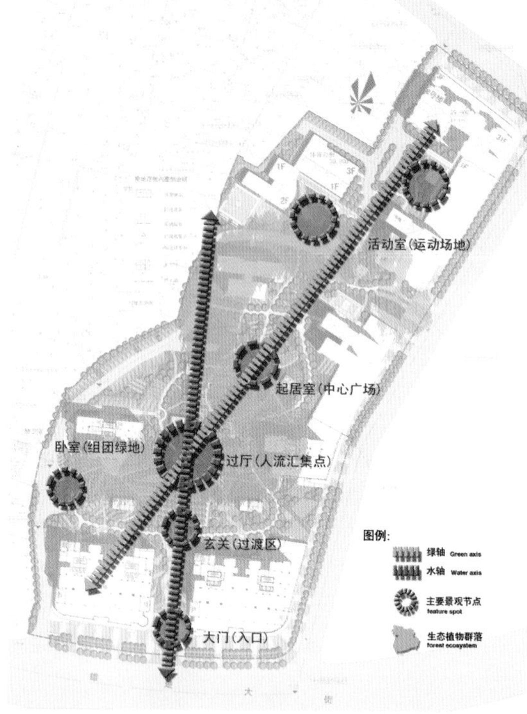

图5.45　景观轴线分析图

小区入口断面如图5.46所示。

小区主入口最终效果如图5.47所示。

图5.46　主入口断面图

图5.47 小区主入口效果图

树阵的设计如图5.48和图5.49所示。

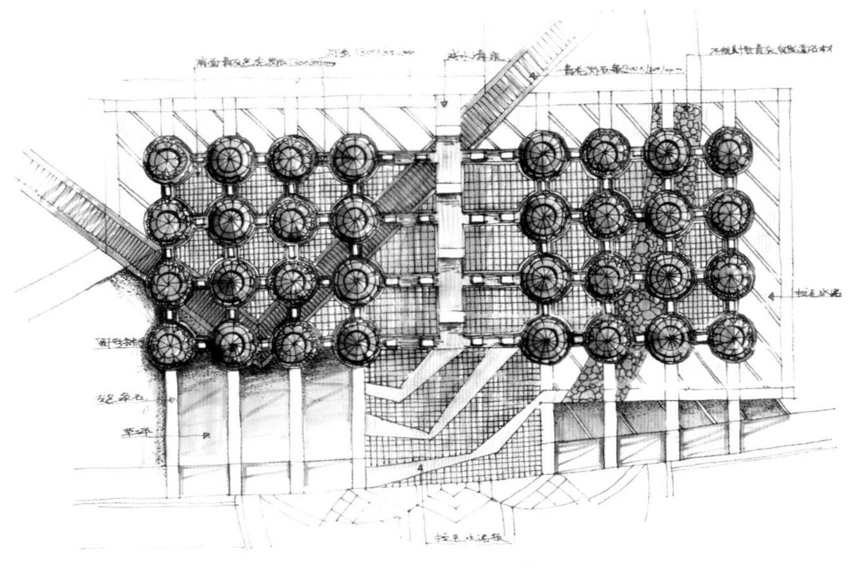

图5.48 树阵平面详图

图5.49 树阵透视效果图

钟楼的设计如图5.50和图5.51所示。

图5.50 钟楼平面图和立面图

图5.51 钟楼透视效果图

主景树的设计如图5.52所示。

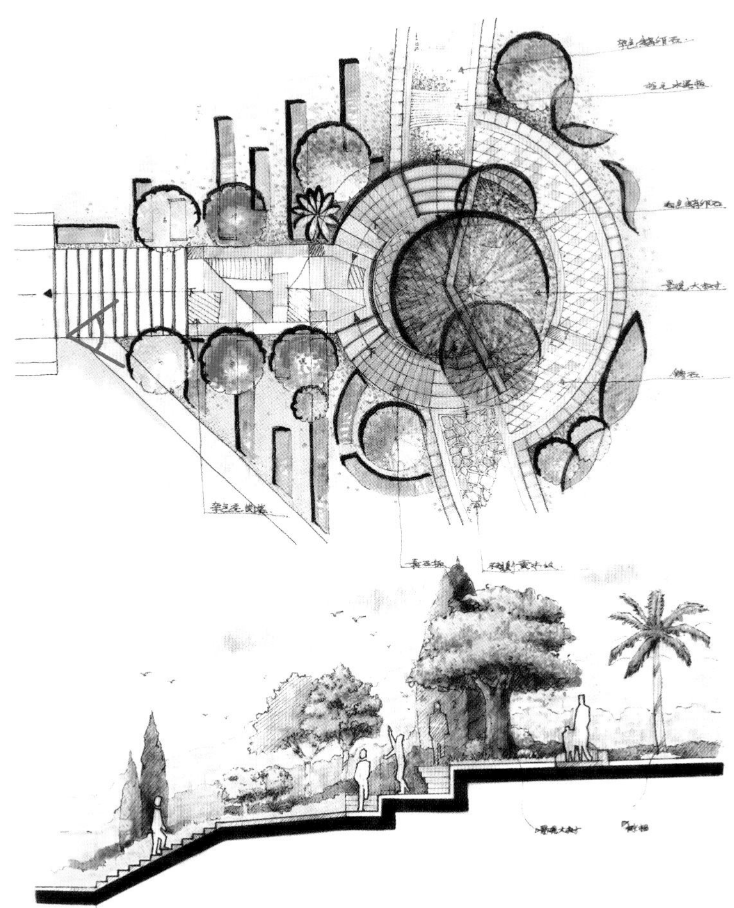

图5.52 主景树平面图和剖面图

景观步道、停车场入口、景观廊的效果如图5.53～图5.55所示。

图5.53 景观步道效果图

图5.54　停车场入口效果图

图5.55　景观廊效果图

小区剖面情况如图5.56所示。

图5.56　小区某剖面图

景观中设有会所游泳池如图5.57所示。

在设计中，设计者运用了许多景观小品，如图5.58～图5.62所示。

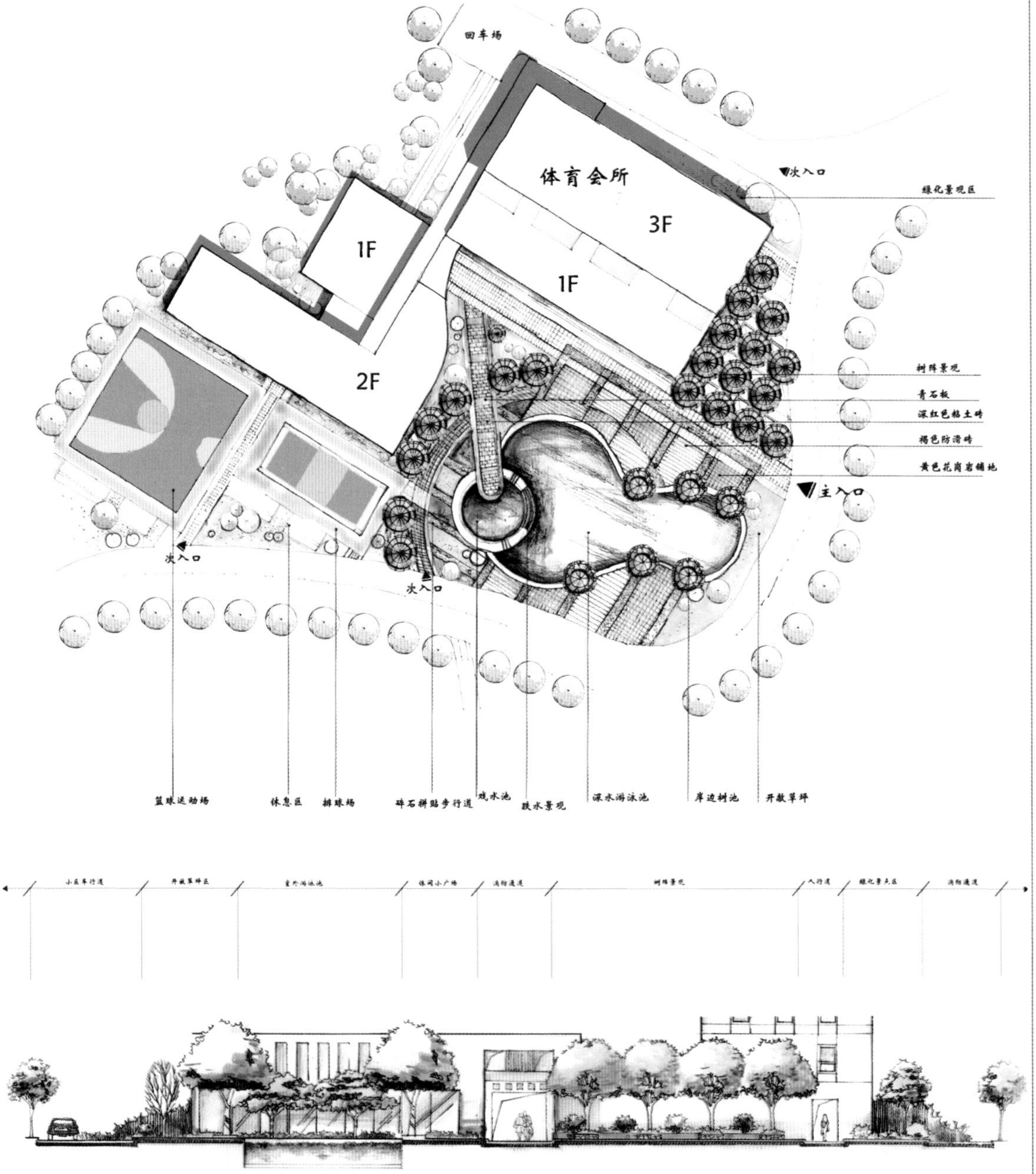

回车场
体育会所
3F
1F
1F
2F
次入口
绿化景观区
树阵景观
青石板
深红色粘土砖
褐色防滑砖
黄色花岗岩铺地
主入口
次入口
次入口
篮球运动场
休息区
排球场
碎石拼贴步行道
戏水池
跌水景观
深水游泳池
岸边树池
开敞草坪

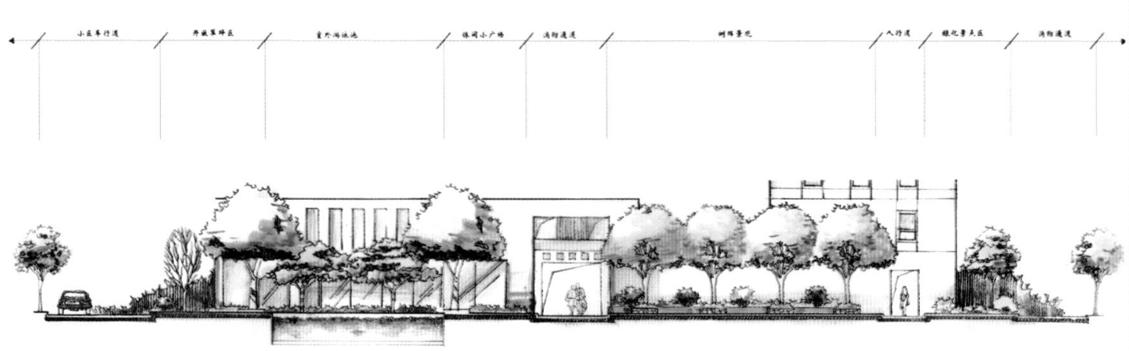

图5.57　会所游泳池平面图和立面图

图5.58　景观小品——树池效果图

图5.59　景观小品——休息椅效果图

图5.60　景观小品——景墙效果图

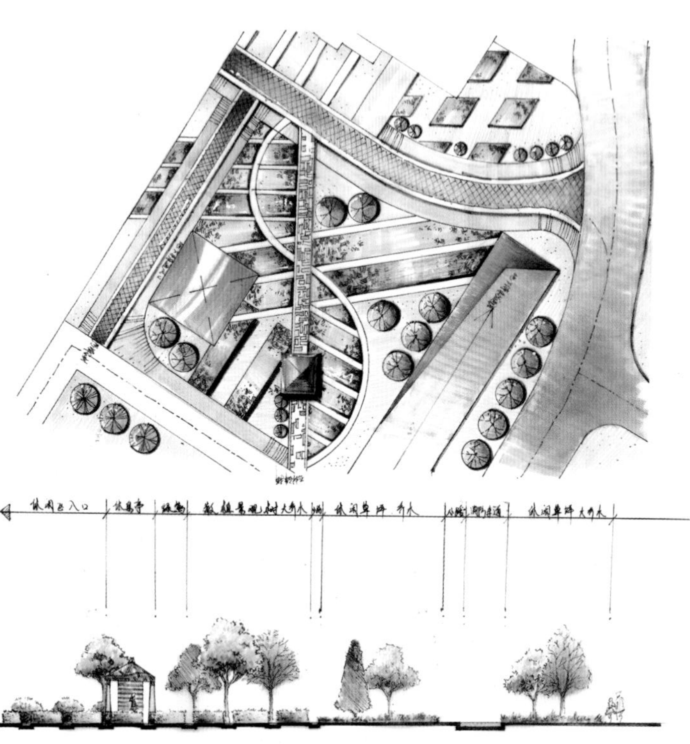

图5.61　休息亭平面图和立面图

图5.62 游泳池“透视和效果图”

小区整体设计如图5.63所示。

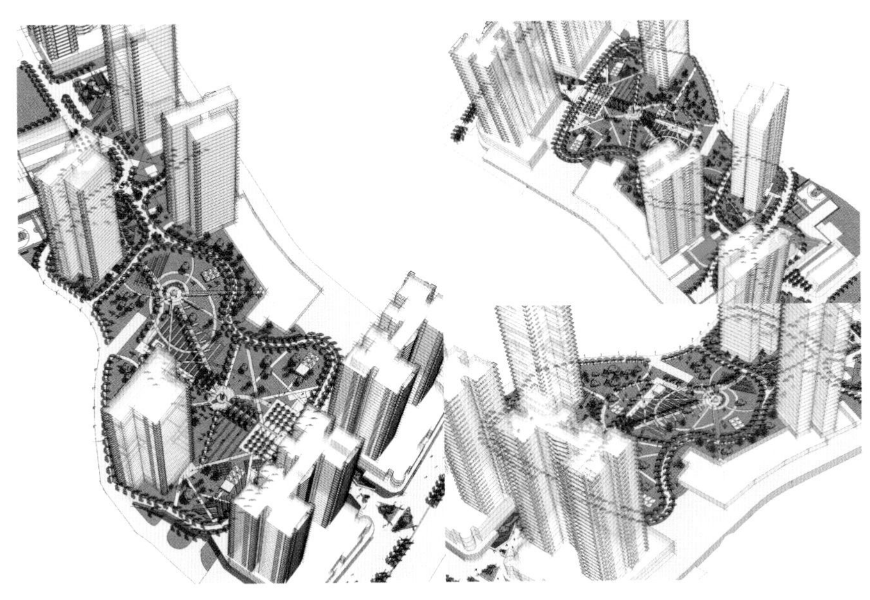

图5.63 小区整体鸟瞰图

5.3.2 景观设计实例二：工业景观设计

景观指风景、山水、地形、地貌等土地及土地上的物质和空间所构成的自然和人为活动的综合体，它体现了某一特定区域的综合特征。工业景观属于景观的范畴，体现的是人在自然中的工业生产活动——人、建筑、机器与自然。它的重要特征是，机器已经不单单是机器。工业景观的历史性表现在前工业时代、工业时代、后工业时代工业进程中的景观变迁。人们对一个特殊的景观或整个园区的印象，不仅仅来源于视觉，还来源于自身的回忆、经验、周围的人群等，每个人在自己的环境中建立起关于园区局部的印象，形成一系列在精神上的相互联系的形象，但一个园区的基本形象则是同时代人共同的感受。

每一个建筑物都会影响园区景观的细部，并可能影响到园区整个形象的整体。人们共同的心理上的园区图像由人们所看到的许多东西的综合而成。 构成园区景观的基本要素有路、区、边缘、标志、中心点5种。

(1) 路：一个园区有主要道路网和较小的区级路网。一个建筑有几条出入的路。园区公路网是园区间的通道。路的图像主要具有连续性和方向性，因此应构成简单的系统，起点和终点要明确。路旁的建筑和空间特性是方向性的基础，有助于对距离的判断。

(2) 区：它是较大范围的园区地区，一个区应具有共同的特征和功能，并与其他区有明显的区别。园区由不同的区构成，如行政区、生活区、运动区、停车场等，但有时它们的性质是混合的，没有明显的界限。

(3) 边缘：区与区之间的界限是边缘。有的区可能完全没有边缘，而是逐渐混入另一区。边缘应能从远处望见，也易于接近，提高其形象作用。如一条绿化地带、河岸、山峰、高层建筑等都能形成边缘。

(4) 标志：它是园区中令人产生印象的突出景观。有些标志很大，能在很远的地方看到，如高塔、摩天楼；有些标志很小，只能在近处看到，如街钟、喷泉、雕塑。标志是形成园区图像的重要因素，有助于使一个区获得统一。一个好的标志既是突出的，也是协调环境的因素。

(5) 中心点：中心点也可看作是标志的另一种类型。标志是明显的视觉目标，而中心点是人们活动的中心。空间四周的墙、铺地、植物、地形、照明灯具等小建筑物的布置和连贯性，决定了人们对中心点图像的形成能力。

道路、区、边缘、标志和中心点是园区图像的骨架，它们结合在一起构成了园区的景观，在园区规划时，应创造出新的、鲜明的景观，以激起人们对整个园区的想象。

此项目的区位分析如图5.64所示。

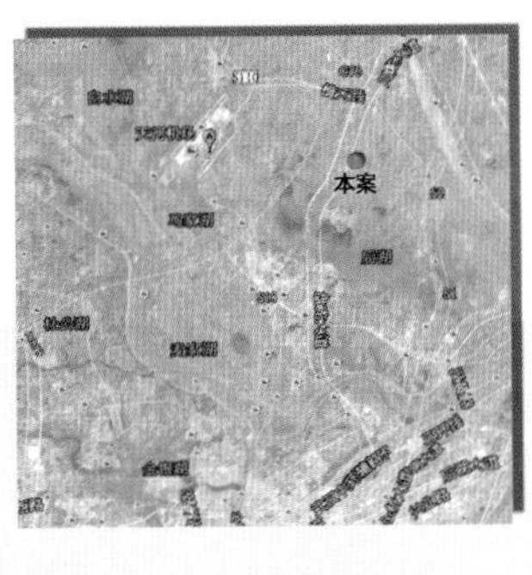

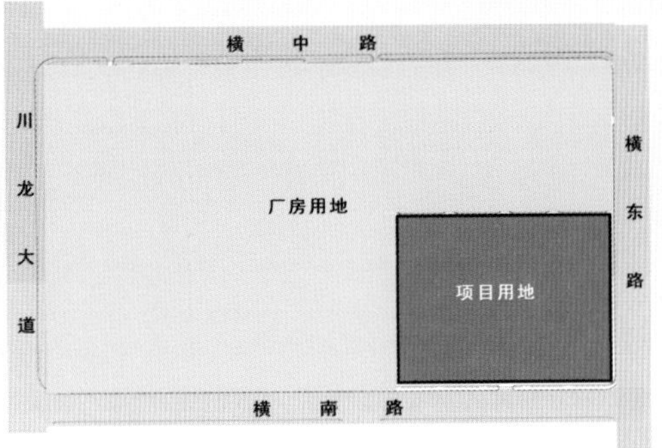

本项目位于武汉临空经济开发区，西临天河机场，南与盘龙城经济开发区接壤。整体建设项目规划用地面积约661亩，净用地面积约579亩，新建厂房，办公用房及辅助用房等设施；开发区周边自然环境非常好。

图5.64 区位分析

小区的总体设计如图5.65所示。

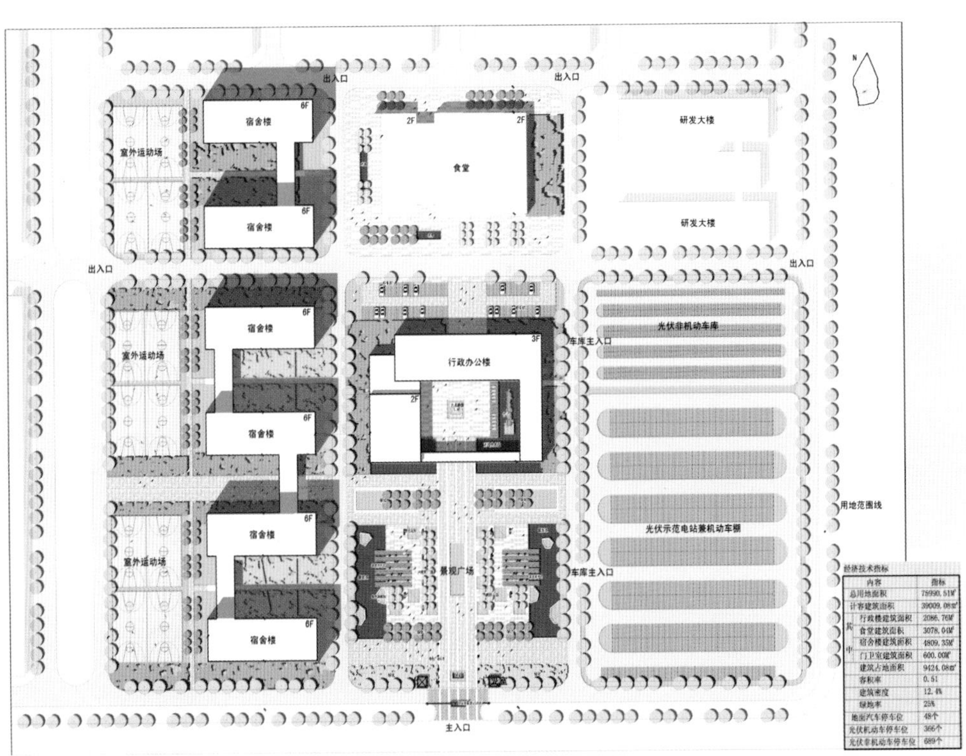

内容		指标
总用地面积		75990.51㎡
计容建筑面积		39009.08㎡
其中	行政楼建筑面积	2086.76㎡
	食堂建筑面积	3078.04㎡
	宿舍楼建筑面积	4809.35㎡
	门卫室建筑面积	600.00㎡
建筑占地面积		9424.08㎡
容积率		0.51
建筑密度		12.4%
绿地率		25%
地面汽车停车位		48个
光伏机动车停车位		366个
光伏非机动车停车位		689个

图5.65 总平面图

工业景观中的广场具有多样性，它是指各种用途的道路、停车场、沿街建筑的前沿地带。由建筑组成的空间形式包括以下几种。集合的主要广场，它一般与市政厅或其他市民建筑相结合；娱乐建筑的空间，如生活区、宿舍前供人流集散的广场；广场上的公共建筑物对广场景观起着决定性作用。作为街景的公共建筑其立面处理的重点应放在完整的街道立面上，而不应强调个别建筑物的立面；作为纪念碑式的公共建筑，在造型、位置和高度上应是一个视线焦点，是可以被人们欣赏的主要景观。

使用轴线可以使多个空间相互联系，是景观设计的一般方法，如北京天安门广场的中轴线。当一个建筑物与另一个建筑物有一定距离，同时行道树形成狭长景观以强调一个理想的视点时，于是建筑物变成了一个有镜框的焦点。在一个景上集中的街道越多，获得的狭长景观也就越多。广场应有一定的比例和尺度，广场的面积过大，使建筑物看去像是站在空间的边缘，墙和地面分离开来，使空间的封闭感消失，广场的景观也随着发生质的变化。

天威工业园景观设计原则有以下3点：首先是生态化原则，园区采用新型材料，低碳环保。其次是创造个性化空间，打造独特的企业文化，艺术氛围强。最后，利用现代几何线条来分隔空间，营造富有时尚气息的现代景观。

园区的景观设计及各专项分析如图5.66～图5.74所示。

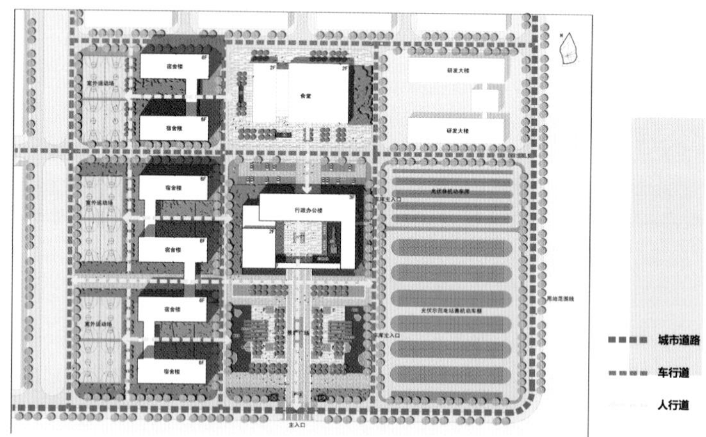

图5.66　道路分析

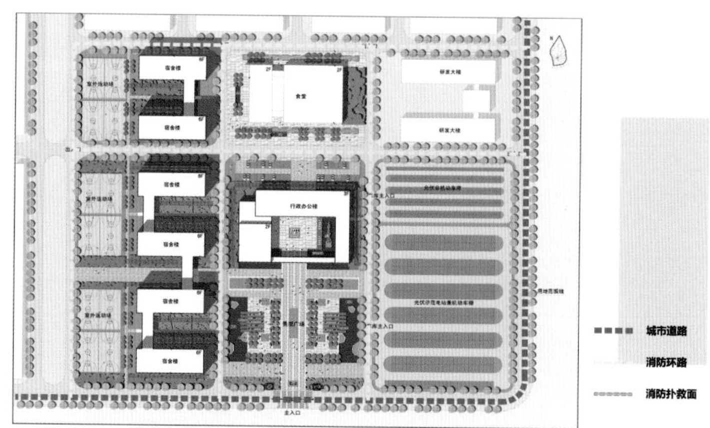

图5.67　消防分析图

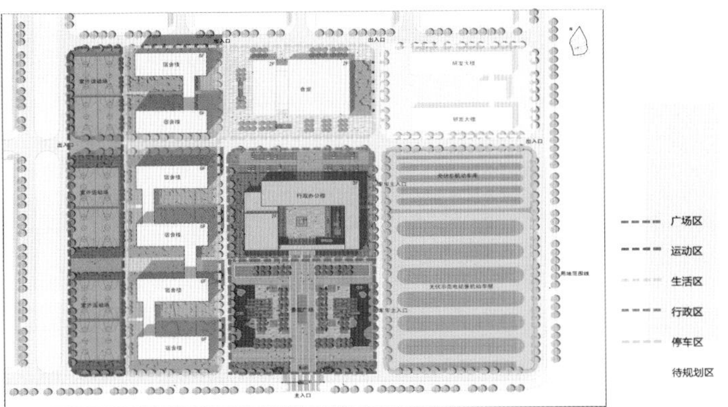

图5.68 规划结构图

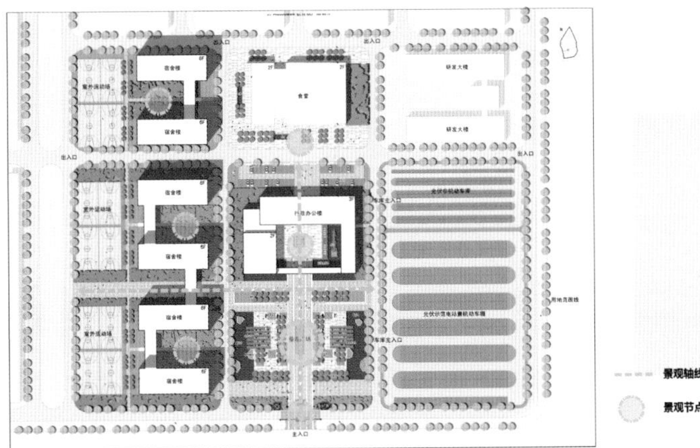

图5.69 景观分析图

图5.70 透视效果图

图5.71 景观分析图

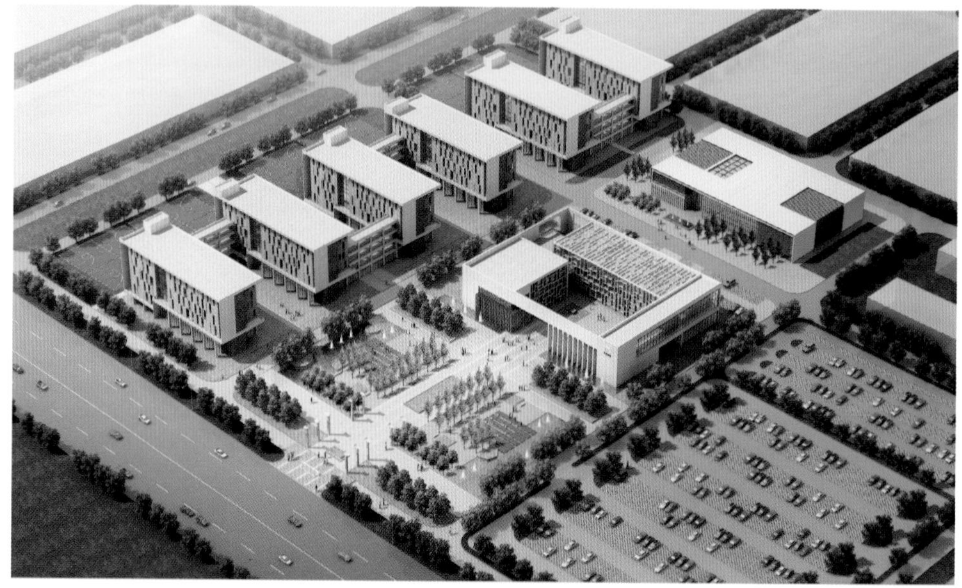

图5.72 工业区鸟瞰图

图5.73　建筑效果图

单元训练和作业

1. 作业欣赏

请欣赏图5.74～图5.77(设计方案：任媛，张丽娟，江霞/指导老师：彭瑜)。

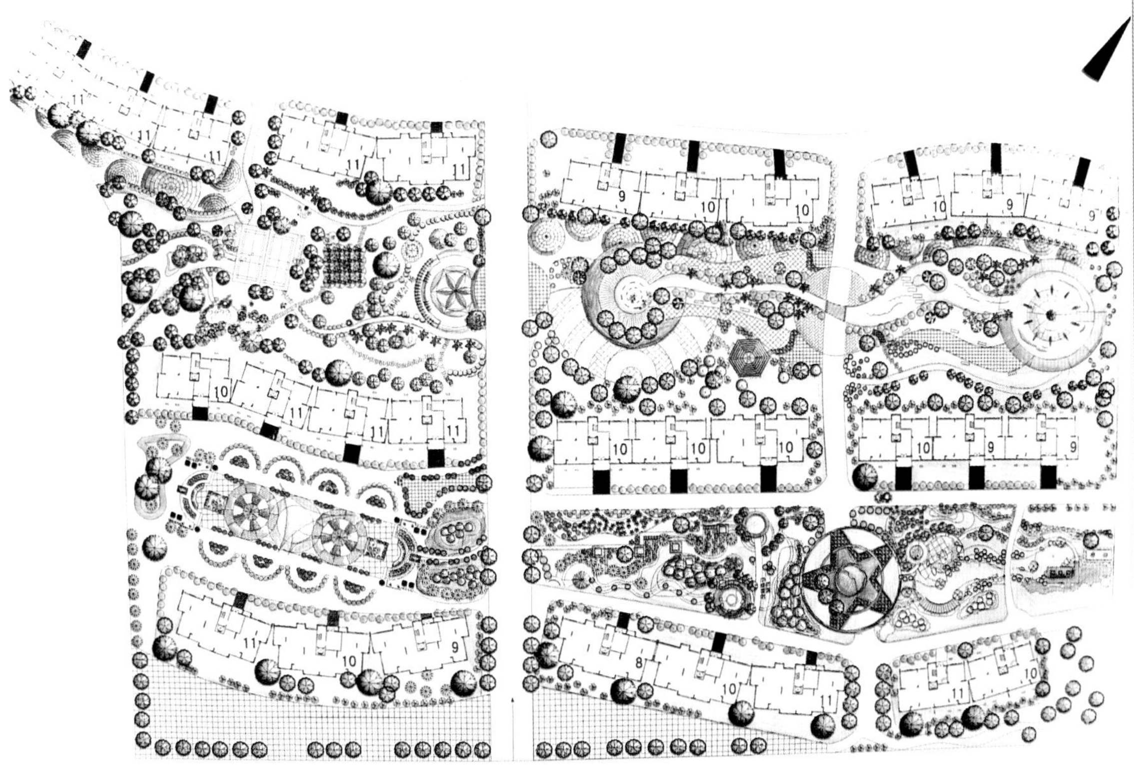

图5.74　小区总平面图

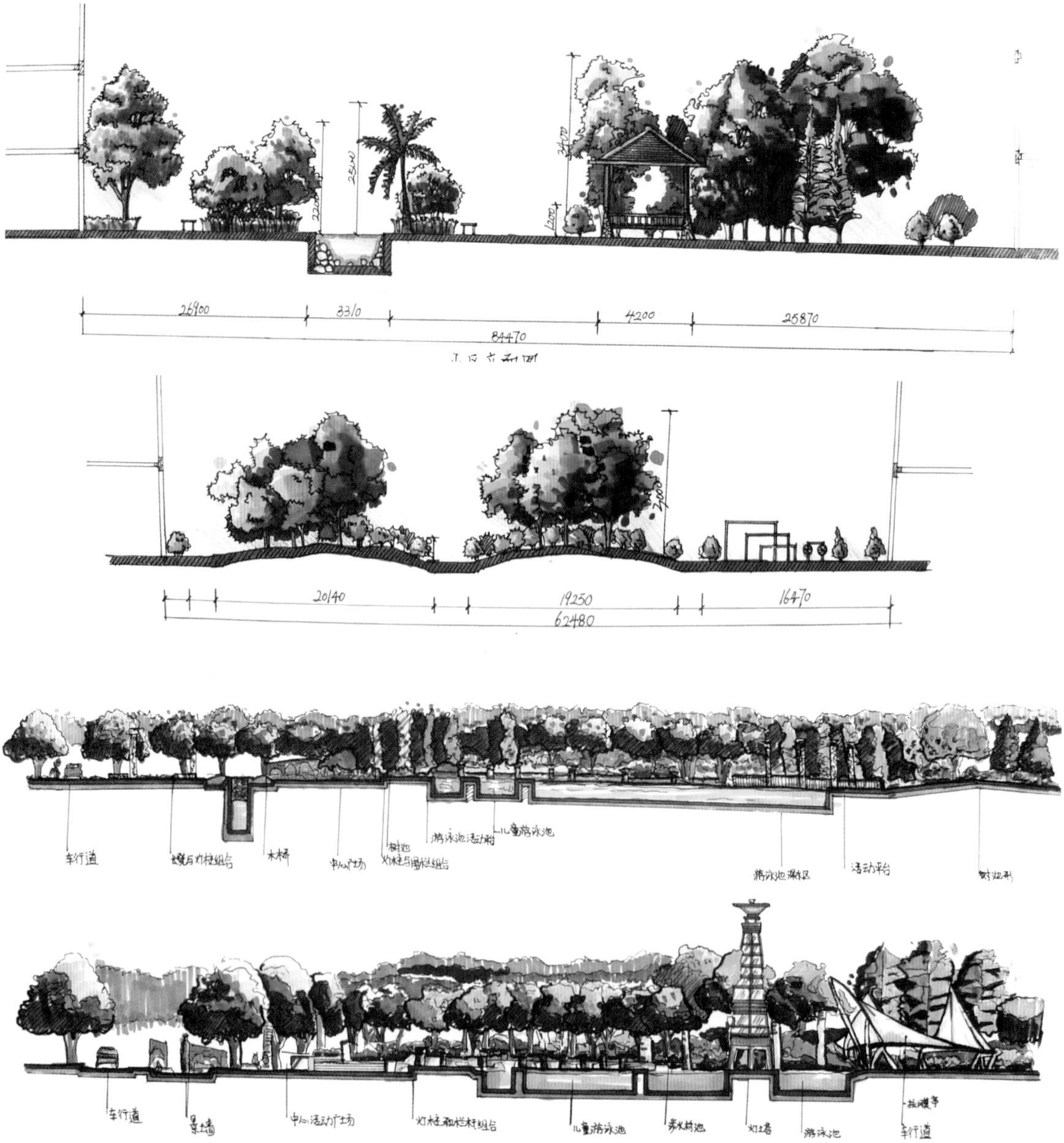

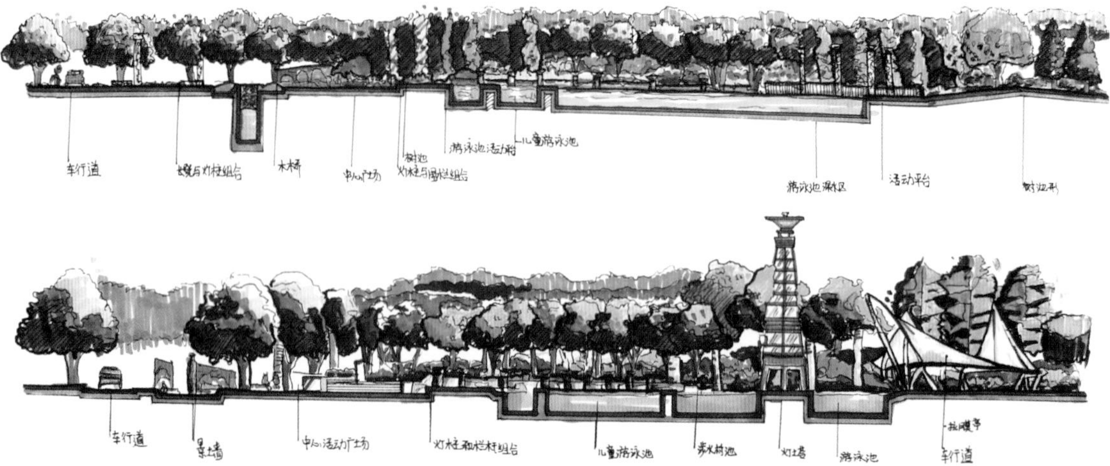
26400
3310
4200
25870
84470
20140
19250
16470
62480
车行道
木桥
中心广场
树池
灯柱与围栏组合
游泳池活动平台
儿童游泳池
游泳池深水区
活动平台
车行道
景墙
中心活动广场
儿童游泳池
灯塔
游泳池
车行道

图5.75　小区立面图

图5.76 居住区景观效果图(一)

图5.77　居住区景观效果图(二)

2. 课题内容：居住区景观设计

课题时间：16课时。

教学方式：教师例举优秀景观设计案例，并分析其设计过程，指导学生了解其设计手法。提供指定居住区进行景观设计，要求做到景观设计功能分区合理，交通流线清晰，景观效果良好。

要点提示：根据不同的地形和主题，找到设计切入点，进行有针对性的设计。

教学要求：

(1) 某居住区景观设计。

(2) 掌握基本的设计构思手法，注意设计的合理性和美观性。

(3) A3幅面，图纸内容包括总平面图、功能分区图、交通流线图、局部大样图、透视图和鸟瞰图。

训练目的： 通过居住区景观设计练习，掌握基本的景观设计手法，为以后的施工图设计打下基础。同时与实际工程接轨，较为全面地完成一整套设计图纸。

3. 其他作业

某场地景观改造设计。

4. 本章思考题

景观设计的构思方法是什么？

5. 相关知识链接

(1) 景观设计过程。

参见：[美] 诺曼・K・布思，詹姆斯・E・希斯. 独立式住宅环境景观设计[M]. 彭晓烈，等译. 沈阳：辽宁科学技术出版社，2003.

(2) 景观设计学：场地规划与设计手册。

参见：[美] 约翰・O・西蒙兹，巴里・W・斯塔克. 景观设计学：场地规划与设计手册[M]. 朱强，等译. 北京：中国建筑工业出版社，2009.

这本当代经典著作为我们提供了系统的方法，教我们如何创造一个更加有用、高效、具有美学价值的室外空间和场地。书中百余幅教学图表、规划设计作品、摄影作品和插图，包括了一些世界顶级景观设计师和景观设计公司的作品，将使学生深受裨益。

参考文献

[1] [美]诺恩・K・布思．风景园林设计要素[M]．曹立昆，曹德鲲，译．北京：中国林业出版社，1989．

[2] 刘谯，韩巍．景观快题设计方法与表现[M]．北京：机械工业出版社，2009．

[3] 徐振，韩凌云．风景园林快题设计与表现[M]．沈阳：辽宁科学技术出版社，2009．

[4] 成玉宁．现代景观设计理论与方法[M]．南京：东南大学出版社，2010．

[5] [美]凯文・林奇．城市意象[M]．方益萍，何晓军，译．北京：华夏出版社，2001．

[6] 汤晓敏，王云．景观艺术学——景观要素与艺术原理[M]．上海：上海交通大学出版社，2009．

[7] [美]格兰特・W・里德．园林景观设计从概念到形式[M]．郑淮兵，译．北京：中国建筑工业出版社，2002．

[8] 张翼，鲍戈平，张诗奕．快题考试实战教程[M]．南京：东南大学出版社，2012．

[9] 王耀武，郭雁，等．规划快题设计作品集[M]．上海：同济大学出版社，2009．

[10] 潘金瓶．广场与休闲空间[M]．大连：大连理工大学出版社，2011．

[11] 刘志成．风景园林快速设计与表现[M]．北京：中国林业出版社，2012．

[12] 何斌，陈锦昌，陈炽坤，等．建筑制图[M]．4版．北京：高等教育出版社，2001．

[13] 清华大学建筑系制图组．建筑制图与识图[M]．2版．北京：中国建筑工业出版社，1983．

[14] 金煜．园林植物景观设计[M]．沈阳：辽宁科学技术出版社，2008．

[15] 王晓俊．风景园林设计(增订本)[M]．南京：江苏科学技术出版社，2000．

[16] 北京土人景观与建筑规划设计研究院．诗意的栖居——土人景观手绘作品集[M]．大连：大连理工大学出版社，2008．

[17] 管学理，米锐，郭宇珍．景观小品设计[M]．武汉：湖北美术出版社，2009．

[18] 梁俊．景观(园林)设计专业：景观小品设计[M]．北京：中国水利水电出版社，2007．

[19] [美]诺曼・K・布思，詹姆斯・E・希斯．独立式住宅环境景观设计[M]．彭晓烈，等译．沈阳：辽宁科学技术出版社，2003．

[20] 北京筑语图书工作室．中国景观设计年刊[M]．武汉：华中科技大学出版社，2008．

[21] 马克辛．景观设计基础[M]．北京：高等教育出版社，2008．